冷知識王

世界其實很有哏
生活可以多點彈性！

漫畫科普冷知識王 4：世界其實很有哏，生活可以多點彈性！

作　　者：鋤見
企劃編輯：王建賀
文字編輯：詹祐甯
設計裝幀：張寶莉
發行人：廖文良

發行所：碁峰資訊股份有限公司
地　　址：台北市南港區三重路 66 號 7 樓之 6
電　　話：(02)2788-2408
傳　　真：(02)8192-4433
網　　站：www.gotop.com.tw
書　　號：ACV044200
版　　次：2022 年 03 月初版
　　　　　2023 年 01 月初版六刷
建議售價：NT$350

授權聲明：《漫畫科普：比知識有趣的冷知識 4》本書經四川文智立心傳媒有限公司代理，由廣州漫友文化科技發展有限公司正式授權，同意碁峰資訊股份有限公司在台灣地區出版、在港澳台地區發行中文繁體字版本。非經書面同意，不得以任何形式重製、轉載。

國家圖書館出版品預行編目資料

漫畫科普冷知識王 4：世界其實很有哏，生活可以多點彈性！/ 鋤見原著. -- 初版. -- 臺北市：碁峰資訊, 2022.03
　　面；　公分
　　ISBN 978-626-324-087-2(平裝)
　　1.CST：科學　2.CST：通俗作品
300　　　　　　　　　　　　　　　　　111000812

讀者服務

- 感謝您購買碁峰圖書，如果您對本書的內容或表達上有不清楚的地方或其他建議，請至碁峰網站：「聯絡我們」\「圖書問題」留下您所購買之書籍及問題。(請註明購買書籍之書號及書名，以及問題頁數，以便能儘快為您處理)
　http://www.gotop.com.tw

- 售後服務僅限書籍本身內容，若是軟、硬體問題，請您直接與軟體廠商聯絡。

- 若於購買書籍後發現有破損、缺頁、裝訂錯誤之問題，請直接將書寄回更換，並註明您的姓名、連絡電話及地址，將有專人與您連絡補寄商品。

千奇百怪 065

鮮為人知

奇思妙想 143

宇宙星辰 187

無奇不有

▼

1. 聰明的人真的會「絕頂」嗎？

「聰明絕頂」的意思是「有著無人能及的聰明才智」，
所以我們經常用來讚揚他人智商很高。

髮量少。
好飄逸！

好聰明的樣子！
聰明絕頂！

因為觀察到不少極其聰明的男性確實髮量不多，
所以就有人用「絕頂」作為雙關語。

雄性激素UP

科學家經過研究發現，大多數髮量少的人，體內雄性激素分泌旺盛，
而雄性激素偏高會引起掉髮。

雄性激素能促進右腦的發育，若體內雄性激素分泌較多，
有利於右腦正常生理活動的開發和維持，這樣的人會表現出更聰明的特質。

因此，一些「絕頂」的人相對來說也許比較聰明。
但不要以為聰明的人必然會「絕頂」，這樣的邏輯是不對的。

更多冷知識

①雄性激素還會影響男性的壽命，其中一方面在於雄性激素使男性表現得更好鬥，而打架鬥毆自然增加傷殘死亡的機會。

②用腦過度會影響頭髮生長，比如：增加掉髮量，頭髮沒有光澤，白頭髮變多等。

2. 每個人「小時候」都有尾巴？

大部分的動物都有尾巴，動物的尾巴有不同的功能，
例如部分陸生動物用尾巴保持平衡，特別是在奔跑的時候。
像貓、獵豹、獅子、老虎等能瞬間爆發奔跑的動物，牠們的尾巴又細又長。

跑得好快哦！

人類為什麼沒有尾巴呢？
其實每一個人「小時候」都有尾巴。不過，那是在多小的時候呢？

妊娠30天

妊娠60天

人類在胚胎的初期（妊娠 60 天左右）是有尾巴的，
長度大約是胚胎本身的六分之一。

從胚胎發育成胎兒的過程，這條尾巴會被身體吸收。

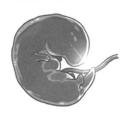

妊娠80天

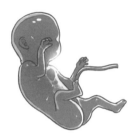

妊娠180天

在極少數情況下，人類嬰兒會帶著「軟尾巴」出生，
這樣的尾巴不含尾椎骨，只有血管、肌肉和神經。
換句話說這是條沒有作用的尾巴，所以通常會做切除處理。

長出尾巴，

好像也挺方便。

如果人類的尾巴能自然生長，成人的尾巴大概會有 30 公分長。
你能想像我們可以用尾巴打招呼、觸碰彼此嗎？
開心的時候搖搖尾巴，傷心的時候抱抱尾巴，也挺有意思的。

更多冷知識

①雄孔雀擁有鮮艷的長尾巴，求偶時會打開長尾巴開屏，吸引雌孔雀；遇到危險時也會開屏，嚇退敵人。尾巴上滿布圓形「眼斑」，開屏伴隨抖動，仿佛一隻長了許多眼睛的怪獸，十分有威嚇性。

②猴子的尾巴是牠的「第五隻手」。猴子可以利用尾巴在樹上攀援、懸掛，有時又會用尾巴攫取食物。猴子的尾巴還能調節體溫，驅趕昆蟲。

3. 跟拇指差不多大的猴子——拇指猴

有一種生活在南美洲亞馬孫河流域森林的狨猴，
體形小巧，可以把人的拇指當樹枝一樣抱著，又稱拇指猴。

拇指猴體小尾長，喜歡用尾巴纏繞接觸物，頭部較大呈圓形，
毛髮呈絲絨狀，顏色多樣，有銀白、紅、黑褐、黑灰、黑色等。

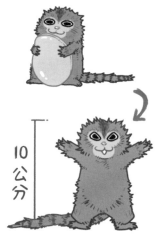

初生的拇指猴重 13 克左右，只有蠶豆大小，
成熟後身高僅 10~12 公分，重 80~100 克。

野生拇指猴主要棲息於熱帶雨林或熱帶草原的樹冠上層，比較少下地面活動。
牠們白天覓食，晚上睡在樹洞裡。

拇指猴是雜食動物，以昆蟲、小脊椎動物、
鳥蛋和蜥蜴等為食。

部分植物、水果和樹木滲出的汁液也是拇指猴喜歡的食物。

更多冷知識

①拇指猴通常一胎可產 1~3 隻，產雙胞胎的概率約占 80%，並且雙胞胎的存活率較高。

②狨猴屬靈長目狨科狨屬，共有 3 屬 35 種，常見的包括普通狨、棉頂狨、金獅狨、侏儒狨、節尾猴等。

4. 世界上最小的馬——法拉貝拉

一說到馬，你應該就會想到那可以讓人騎乘的高大體形。

但有一種叫做法拉貝拉的馬，肩高通常只有 40 公分，
體重不到 10 公斤，是世界上體形最小的馬之一。

法拉貝拉是人們為了觀賞和娛樂，
經過 150 年時間優選培育而產生的超小型馬。

法拉貝拉體形優雅，皮膚光滑如絲，毛髮色澤光亮。

性情溫和，聰明勇敢，牠們也喜歡與孩子相處。

目前，法拉貝拉極其稀有，
全世界純種的法拉貝拉不超過 2000 匹。

更多冷知識

①夏爾馬是知名的重型馬，是英國早期農業、工業、交通、運輸中的重要工具，甚至可以拉動 5 噸的重物。夏爾馬也是世界上體形最大的馬種之一。成年的夏爾馬肩高 1.8 公尺以上，體重可達 900 公斤。

②馬的平均壽命大約是 30 歲。有些矮種馬甚至可以活到 40 歲以上。有紀錄的最長壽的馬活到 62 歲。

5. 羊駝用吐口水表達不滿

羊駝是偶蹄目、駱駝科的動物，外形像綿羊，
通常棲息於海拔 4000 公尺的高原，以高山棘刺植物為食。

咩咩咩？

註：羊駝的真實叫聲與羊叫不一樣，一般是會發出類似「嗯～嗯～」的聲音。

性格溫順的羊駝擁有意想不到的防禦技能——吐口水。

口水噴射

草料

唾液

胃酸

如果有人在羊駝面前做出令牠感到不愉快的行為，
牠會把由胃裡未消化的草料、胃酸和唾液混合而成的「口水」噴射到對方身上。

雖然羊駝的口水不會對人造成實質傷害，但被噴一臉口水，心情絕對好不起來。
而且這種口水氣味濃重，像是放置了很久的酸菜……

羊駝是高度群居的動物，野外的羊駝總是成群出沒，
牠們很享受與同伴在一起。

如果單獨飼養一隻羊駝，身邊沒有同類，
這隻羊駝可能會抑鬱、生病甚至因此死亡。

更多冷知識

①羊駝之間主要是透過身體姿勢和柔和的哼唱聲進行交流。

②羊駝是非常環保的動物：牠們吃草不會將草連根拔起，使草能繼續生長；羊駝蹄子底下有肉墊，不會過度傷害土地表面，有利於植被快速恢復。

6. 山羊都是攀岩高手？

山羊有一項絕技，牠們遇到危險時能夠爬到高高的懸崖上躲避天敵。
沒錯，山羊可以在寸步難行的懸崖峭壁行動，是非常厲害的攀岩高手。

山羊為什麼擅長攀岩呢？
首先，山羊的彈跳力和肢體柔韌度都非常好，具有優秀的平衡力。

山羊的蹄子形狀尖尖，蹄掌小巧，邊緣堅硬，
這樣的構造不僅能確保小小的蹄尖能支撐體重，
還能讓山羊踩穩岩壁縫隙那一丁點的平面落腳處。

自然界殘酷的生存環境，讓山羊不得不學會攀岩。

有時候牠們是為了躲避天敵獵食而攀爬到高處，
有時候則是為了舔食岩壁上的天然鹽分來補充身體所需的礦物質。

先動左腳，

現在右腳跟上。

不行，好可怕！

山羊攀岩需要從小學起。小羊透過山羊媽媽的示範教學，一步一步學會攀岩。
攀岩學不好的小羊很難長大，因為牠們從峭壁上掉落摔死
或者被天敵抓住吃掉的機率很高。

更多冷知識

①摩洛哥山羊可以像豹一樣爬樹，穩穩站在樹枝上。非洲的植物資源不豐富，所以摩洛哥山羊要爬樹去吃樹上鮮嫩的樹葉樹枝。

②如果山羊發現山上土石鬆動，牠們就不會繼續爬上去。這樣可以減少從山上摔落受傷的危險。

7. 北美負鼠利用「迷惑行為」逃生

北美負鼠是棲息在北美洲的有袋類動物，體形有家貓那麼大。
牠是獨行動物，喜歡夜間活動。
牠的逃生技能是利用「迷惑行為」出其不意地迷惑捕食者。

被捕食者追獵的時候，
北美負鼠會在疾速逃跑的過程中突然「急剎車」，一動不動。

這樣的突發行為會把捕食者嚇一跳，
急忙跟著「剎車」。

等捕食者停下來謹慎觀察眼前狀況，
一動不動的負鼠又會突然躍起，繼續快速逃跑。

怎麼了？

為何不逃跑？

你不逃跑的話，

我都不好意思抓你了。

嘿嘿嘿。

正是北美負鼠這種「迷惑行為」使捕食者措手不及，
等牠反應過來想再去追捕北美負鼠時，早已錯過最佳時機。

更多冷知識

①北美負鼠還是天生的詐死高手，牠們會在極度驚慌下突然躺倒在地，從肛門排出腐臭的綠色液體，假裝是一具腐敗的屍體，用這個辦法趕走不愛吃腐肉的捕食者。

②不過北美負鼠的戰鬥力也不容小覷，詐死只是手段之一，要是真的遇到極其危險的捕食者，牠們也會凶惡反抗，張牙舞爪地咆哮。

8. 天竺鼠高興的時候會「暴走」？

天竺鼠即豚鼠，英文名翻譯過來叫「幾內亞豬」。
但牠不是豬，而是無尾嚙齒動物，
牠們在野外已經滅絕，但作為寵物分布在世界各地。

天竺鼠興奮的時候會突然跳起來。興奮程度的高低會影響牠們跳躍的高度。
如果不了解天竺鼠的習性，可能會以為牠們是忽然「暴走」。

爆米花跳

因為牠們原地跳起的樣子讓人聯想到在鍋裡爆裂彈起的爆米花，
所以也被稱為「爆米花跳」。

爆米花跳是天竺鼠表達快樂的一種方式，
不只是簡單跳幾下就沒了，還會一邊跳一邊甩頭。

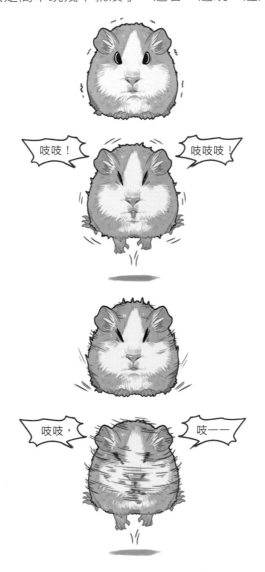

吱吱！　吱吱吱！

吱吱，　吱——

有時候會伴隨高興的尖叫聲，
就像是收到心愛禮物的孩子。

更多冷知識

①天竺鼠不是來自幾內亞，牠們的祖先來自南美洲的安第斯山脈。在南美原住民的文化中占有極重要的地位，牠們不僅是食物，也是藥物和舉行宗教儀式用的祭品。

②天竺鼠知道如何穿過錯綜複雜的通道找到食物，而且在幾個月之內都不會忘記曾經走過的路線。

9.貓為人類發明了一套專用的貓語？

小貓會向自己的貓媽媽喵喵叫以獲取關注，
但是成年的大貓之間不會用喵喵叫的方式溝通。

不過，成年貓咪會向人類喵喵叫，
甚至還能迎合人類的喜愛來改變叫聲，以獲取牠們想要的好處。

不同的家貓與各自主人交流時發出的叫聲幾乎是獨一無二的，
換句話說就是每隻家貓針對自家主人會開發不同的「貓語」。
透過這種方式向主人「索討」好處。

除此之外，家貓的叫聲中還含有一種獨有的頻率，
是其他大多數貓科動物的叫聲中沒有的。

這種頻率的叫聲跟人類嬰兒發出的哭聲極其相似，
人類聽了容易心軟，為貓提供食物和照顧，達成貓的目的。

當然，牠們也明白這套「貓語」僅限對人類使用，
貓之間的交流通常只用肢體語言。

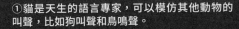
更多冷知識

①貓是天生的語言專家，可以模仿其他動物的叫聲，比如狗叫聲和鳥鳴聲。　②貓有視錐細胞，能分辨顏色，不過只限於紫色、綠色、藍色和黃色。

10. 袋鼠、兔子和老鼠的「結合體」

世界上有這麼一種動物——體形迷你，跟老鼠一般大小；
前肢短小，後肢是大長腿，像袋鼠那樣；擁有兔子一般的長耳朵。
牠就是長耳跳鼠。

長耳跳鼠有強壯的後腿，可以騰空跳躍 1 公尺高，超出自己身長 10 倍。
若遇到像貓頭鷹這樣可怕的掠食者時，牠還可以藉助跳躍使奔跑速度達到
每小時 24 公里，相當於人類騎自行車的速度。

牠的尾巴通常是身長的 2 倍長，
在跳躍和奔跑時能幫助牠保持平衡。

長耳跳鼠最可愛的特徵應該是那雙巨大的耳朵。

但是，這雙耳朵不是為了「賣萌」。
在沙漠生活的動物，通常會長出巨大的耳朵來幫助散熱。

"同鼠不同命"

長耳跳鼠區別於老鼠的重要特徵是牠以植物嫩葉和昆蟲為食，
而老鼠是典型的雜食性動物，幾乎什麼都會吃。

更多冷知識

①長耳跳鼠是瀕臨絕種的動物，有的國家已經禁止人們將牠們當寵物飼養。

②長耳跳鼠利用其良好的聽力來躲避夜間捕食者。敏銳的聽覺也顯示長耳跳鼠之間可能會透過聲音或振動進行交流。

11. 水獺寶寶游泳全靠媽媽教

水獺主要棲息在河流和湖泊附近，
特別喜歡樹木生長茂盛的溪河地帶。

水獺是穴居動物，但是除了哺育寶寶的期間，一般並沒有固定的洞穴。
它們白天隱匿在洞中休息，夜間才出來活動。

雌水獺通常在冬季生產。
水獺寶寶出生一個月後才睜開眼睛，水獺媽媽會一直在洞穴守著水獺寶寶。

水獺寶寶出生兩個月後，媽媽便會帶著牠們出來活動。
但是最初寶寶們只能在地上緩慢爬行，然後在水獺媽媽的幫助下學會游泳。

如果水獺寶寶怕水，待在岸上一直畏縮不前，
水獺便會著急得用上各種辦法，例如催促、做示範等，
有時甚至把最膽小的寶寶咬在嘴裡潛入水中，逼牠們學游泳。

大約練習一週，水獺寶寶就能游得很好了，接著要學習捕魚。
水獺寶寶長到 3 個月大後就要開始獨立生活了。

更多冷知識

①外表人畜無害的水獺，性格可是很凶猛的。小小的水獺敢於反抗身形較大的進攻者，水獺咬死獵犬也不是新聞。

②水獺雖然以魚類為主食，但也經常捕殺小鳥、青蛙、蝦、蟹及甲殼類動物。此外，水獺好鬥，也會攻擊體形較大的動物，像生活在亞馬遜河流域的大水獺，連鱷魚也敢攻擊。

12. 豎琴海豹出生 12 天後就得學會獨立？

豎琴海豹也叫格陵蘭海豹，
成年豎琴海豹身上有醒目的不規則黑色斑紋，形狀像豎琴或馬蹄鐵，
牠的名字就是這樣來的。

嗷嗷嗚？

豎琴海豹（成年）

牠是相當耐寒的海洋哺乳動物，
棲息在氣溫 -40℃的北極圈，以鱈魚、香魚和鯡魚為主食。

雪球？

豎琴海豹（寶寶）

豎琴海豹在 5~7 歲時開始繁殖，一般是在冬天交配，孕期約 11 個月。
通常一胎只有一個寶寶，渾身是雪白的皮毛，非常可愛。

豎琴海豹媽媽會在寶寶出生後的 12~14 天左右離開牠。

你已經12天大了，
該學會獨立了。

但是，豎琴海豹寶寶通常會在出生一個月後才能獨立下水覓食，
所以在此之前，寶寶只好待在原地依靠自身脂肪活下去。
跟四周冰雪環境融為一體的白色皮毛也能保護寶寶不被天敵發現。

更多冷知識

①豎琴海豹是為數不多，可以一生都不接觸陸地的非水生物種之一。豎琴海豹大部分時間都待在海水裡，或者在浮冰上。

②豎琴海豹有很強的嗅覺，雌性豎琴海豹可以透過嗅覺在一堆同類中準確無誤地認出自己的孩子，還能憑嗅覺發現正在逼近的掠食者。

13. 毒蛇咬到自己的舌頭也會中毒嗎？

有些毒蛇對自己的蛇毒有免疫能力，但有些毒蛇卻沒有。
這些對自己毒液無免疫力的毒蛇如果咬到自己的舌頭也是會中毒的，
不過，蛇通常不會咬到自己的舌頭。

因為所有蛇的嘴內正中都有一個專門吐舌頭的小溝，
舌頭只能在這個溝裡進出，所以不會被咬到。

吐舌頭的溝

此外，蛇牙中的毒液是透過下顎的肌肉力注入獵物體內。
即使真的發生了蛇不小心咬到了自己舌頭的情況，牠也不會發射毒液的。

如果發生兩種不同種類的毒蛇互咬的情況，
被咬的一方會不會中毒，就要看是否對對方的毒液有免疫力。

更多冷知識

①被毒蛇咬死的獵物，牠們身上殘留的毒素並不會對毒蛇本身產生影響，因此毒蛇可以立刻吞食獵物。

②少數毒蛇可以透過噴射毒液進行遠程攻擊。像眼睛這樣暴露在外的部位要是被毒液噴到會產生劇痛，情況嚴重時甚至會失明。

14. 自帶「糧食倉庫」的肥尾守宮

肥尾守宮原產於非洲西部的森林或荒漠中，是少數有眼皮的守宮。
牠與爬寵界的人氣選手豹紋守宮同屬擬蜥蜴亞科。

肥尾守宮

相較於豹紋守宮，肥尾守宮有更短小的四肢，
更肥碩的身體和更憨厚的外貌。

吃吧。

那是我的尾巴。

雙頭守宮！

肥尾守宮的尾部因為肥大到幾乎和頭部大小相當，
以至於讓人一眼看去以為牠有兩個頭部，因此有「雙頭守宮」的別稱。

牠異常肥大的尾巴其實是自己的「糧食倉庫」，
裡面儲存了大量的脂肪和水分，當遇上食物短缺的情況可以暫時自給自足。

肥尾守宮如果受到威脅或襲擊，會選擇斷尾逃生。

新長出來的尾巴會比之前的形狀更圓，
也有可能跟身體的顏色和斑紋不太一樣。

更多冷知識

①肥尾守宮雖然生活在乾燥的草原森林地區，但是會花很長時間逗留在潮濕的黑暗洞穴中。

②肥尾守宮有些「挑食」，非常喜歡吃蟋蟀，甚至一些個體只吃蟋蟀。因此肥尾守宮沒有豹紋守宮那麼好養，所以也就不像豹紋守宮那麼受歡迎。

15. 擁有跳躍技能的螞蟻——獵鐮猛蟻

獵鐮猛蟻是一種體形比較大的螞蟻，體長 1.5~1.8 公分，
主要分布於廣西、廣東、福建、雲南等熱帶和亞熱帶地區。

這種螞蟻外貌最明顯的特徵是顎部像鐮刀一樣尖而細長，
尾部有螫針，裡面有毒液。

觸角

長齒

一般的螞蟻幾乎能在任何物體的表面爬行，但是不會跳躍，
而獵鐮猛蟻有著大多數蟻類都沒有的跳躍技能。

無論是日常行動、捕食，或是遇到危險要逃亡，
跳躍這項技能可是發揮了很大的功用啊！

奮力一跳，用鐮刀似的長齒牢牢夾住獵物，再用螫針給予致命一擊；
或者在危急關頭靠著跳躍躲過一劫。

獵鐮猛蟻卵

獵鐮猛蟻幼蟲

獵鐮猛蟻從卵到成蟲階段需要一至兩個月，牠們壽命可長達二十幾年。

更多冷知識

①獵鐮猛蟻是少數擁有良好視力的螞蟻。獵鐮猛蟻起碼可以看見距離 1 公尺遠的東西。牠們優異的視力得益於自身巨大的複眼。

②獵鐮猛蟻尾部螫針裡的毒液對人類也有一定作用。若是人被獵鐮猛蟻螫了，不但會覺得疼痛，傷口也會紅腫一、二天。

16. 行走的「樹枝」——竹節蟲

竹節蟲，是中型或大型昆蟲，
一般體長在 6~24 公分，最大的可達 62.4 公分。

竹節蟲是昆蟲界中技藝高超的偽裝大師。
可以模仿各種樹枝和樹葉，還能根據環境中光線、濕度、溫度的變化改變體色。

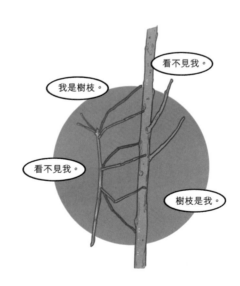

竹節蟲不僅有與樹枝樹葉相似的顏色，還能夠模仿枝葉的形態，
移動時還會有節奏地左右擺動，模仿風吹樹枝晃動的樣子。

中國昆蟲學家為突顯竹節蟲的特殊性，專門造了「䗛（ㄒㄧㄡ）」字，作為牠的簡稱。
身體呈棒狀，長得像樹枝的，稱為桿䗛，俗稱為竹節蟲；
而身體扁平，長得像樹葉的，稱為葉䗛，俗稱樹葉蟲。

成年竹節蟲的身體顏色幾乎都與所處的環境相似。

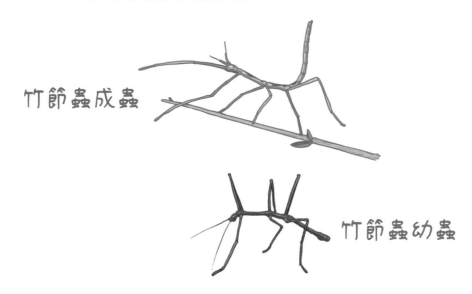

竹節蟲成蟲

竹節蟲幼蟲

但牠們在幼年時期為了生存，
往往會產生艷麗的體色，假裝自己有毒，以此嚇退捕食者。

更多冷知識

①竹節蟲有超強的耐性，可以一整天不動維持擬態。當竹節蟲感覺到有風吹過或有其他震動時，牠們除了會跟著擺動，也會趁風吹過時吃東西，謹慎地利用一切時機遮掩行事。

②當竹節蟲受到驚嚇，牠們會立即裝死，像一根斷枝似的掉到地上一動也不動，過了一會兒才翻身起來，悄悄爬走。

17. 長了兔子耳朵的長腿「蜘蛛」

2017 年，一位攝影師在厄瓜多爾熱帶雨林拍到一隻長了一雙「兔耳朵」，
有八條長腿的「蜘蛛」。因為其怪異的身體結構和令人難以置信的外貌，
很長一段時間以來，人們都不相信這是一種真實的生物。

牠的名字是黑兔盲蛛，也稱為「兔子收割者」，屬於盲蛛的一種。

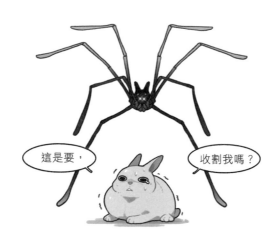

但盲蛛不是蜘蛛，
牠不會吐絲結網，也不像蜘蛛有毒腺可以毒死獵物，
盲蛛所在的盲蛛目與蜘蛛目同屬蛛形綱，但兩者的親緣關係並不相近。

盲蛛通常只有瓶蓋大小。

大多數盲蛛是夜行性的，白天喜歡躲在石縫樹皮裡，對人類無害。

在「兔子耳朵」下方的黃色「眼睛」實際上並不是眼睛，
而是欺騙視覺的眼點。

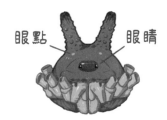

黑兔盲蛛的頭部看起來也很像一顆黑色的狗頭，
真是奇怪又可愛的生物呢。

更多冷知識

①盲蛛並不是看不見，一些洞穴中的盲蛛確實沒有視力，但大部分是有視力的。不同於蜘蛛有六隻、八隻眼睛，盲蛛只有兩隻眼睛。

②蜘蛛將消化液吐進獵物體內，把肉消化成液體再吸食。而雜食性的盲蛛是一口一口吞下食物的。這也使得盲蛛比蜘蛛更容易感染寄生蟲，所以閒著的時候盲蛛經常會用口器仔細清潔大長腿，降低感染寄生蟲的概率。

18. 螢火蟲「從小到大」都會發光？

我們晚上在生態環境較好的公園裡散步時，
可能會看到草叢裡閃爍飛舞著黃色或綠色的點點熒光，
那就是螢火蟲！

沒想到的是，螢火蟲不僅在成蟲階段會發光，
牠的卵、幼蟲和蛹也一樣會發光！

某些種類的螢火蟲的卵可以持續發出微弱的綠光。

有些剛從卵孵化出來的幼蟲全身都會發光，
稍大點的幼蟲在第八腹部的兩側會有光發射器，
但是這時候的光不是一閃一閃的，而是連續的。

當螢火蟲幼蟲成蛹後，在蛹的腹面尾端也有一個光發射器，
可以發出連續的光。

雌、雄螢火蟲成蟲都能發光，這就是我們在公園或野外看到的熟悉的閃爍熒光，
其實這是螢火蟲之間的求偶方式。

更多冷知識

①螢火蟲幼蟲是肉食主義者，牠們喜歡吃蝸牛、蚯
蚓、螺貝類。幼蟲會爬進蝸牛殼內，用上顎將分泌液
注入蝸牛體內，將蝸牛分解溶化，吸食肉汁。通常一
隻蝸牛會由許多隻幼蟲共同分食。

②螢火蟲幼蟲雖然是肉食，但大部分成蟲
由於口器退化，幾乎都只吃露水或花粉花
蜜。

19. 澳大利亞虎鯊的卵像奇怪的海螺？

澳大利亞虎鯊是一種性格比較溫順的鯊魚，
牠們的體形比較小，體長一般在 0.5~1.5 公尺之間。

澳大利亞虎鯊和虎鯊科的其他虎鯊魚一樣，
以硬殼的軟體動物、鮑魚、魚類等為食。

澳大利亞虎鯊正面

跟其他鯊魚不一樣，澳大利亞虎鯊有兩種不同的牙齒，
牠們的後牙就像我們的臼齒，可以嚼碎堅硬的貝殼。

最為奇特的是，澳大利亞虎鯊的卵是螺旋狀的，帶有粗絲，
乍看之下會誤把牠的卵當成某種螺類。

澳大利亞虎鯊的卵

這種獨特的形狀可以讓卵順利卡在礁石縫，
防止卵四處漂流，並能假裝是海螺迷惑天敵。

用力鑽

鑽出來了！

卵要經過大約 10~12 個月才能孵化，幼鯊在孵化後會獨自成長。

更多冷知識

①澳大利亞虎鯊的卵剛產下時是柔軟的，慢慢才變得堅硬。

②澳大利亞虎鯊可以同時進行進食和呼吸，這種能力是很罕見的，因為一般鯊魚在游泳時要張開口來將水壓入鰓中，無法同時進行這兩樣活動。

20. 獨角鯨的角到底有什麼用？

獨角鯨又叫一角鯨，是生活在北極地區的奇特鯨魚，
以鱈魚、格陵蘭大比目魚為食。牠們被當地人視作奇獸，
因為人們認為獨角鯨是傳說中擁有魔力的獨角獸在海洋中的化身。

我是獨角獸！

牠與白鯨同屬一角鯨屬，因頭部長有長角而極具辨識度。
獨角鯨一般身長在 5 公尺以內，角的長度可達一半體長。

雄性獨角鯨

雌性獨角鯨

雄性獨角鯨才長有這支長角。
但這支角不是從額頭上長出來的，實際上是牠的左犬齒。
雄性獨角鯨的口腔中只有兩顆門齒，左邊的這一顆牙齒刺穿上唇化為長角。

這支長角到底是幹嘛用的？長角的內部擁有像光纖一樣結構複雜的神經纖維束，
因此有研究認為，這可能是獨角鯨的某種感覺器官，
牠們可能會透過長角接收海水鹽度、溫度和壓力的變化。

感覺器官

還有研究認為長角是作為武器用的。
雖然長角內布滿神經很敏感，不可能當成武器用，但是從成年雄鯨的長角偶有折斷，
頭部有外傷的情況來判斷，成年雄鯨之間可能有打鬥的習性。

武器

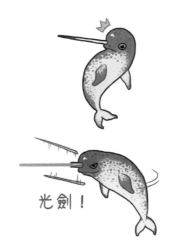

光劍！

不過，以上的猜測都有一個說不通的地方——
感覺器官和防身武器都是雌雄性共同的需要，為什麼只有雄性獨角鯨擁有長角？
所以這顆牙齒進化成長角的原因到底是什麼呢？

更多冷知識

①有些雄性獨角鯨的右犬齒也會一同突出，形成特殊的雙長牙，變成「雙角鯨」。

②雌性獨角鯨一般不長門齒，但大約 10% 的雌性會長出大約 1 公尺長的長牙。也有記載曾出現過長兩根長牙的雌性獨角鯨。

21. 游泳速度最快的魚——劍旗魚

我們常形容游泳速度快的人為「飛魚」，
實際上在海洋中游泳最快的魚是劍旗魚，又叫劍魚、箭魚，
分布在熱帶和溫帶海域，
最為顯著的特徵是吻部突出的又尖又長的上頜骨。

天下武功，
唯快不破！

這根上頜骨能衝破水流的阻力，提高游動速度。
劍旗魚是目前觀察到游泳速度最快的魚類之一，速度最高可達每小時 130 公里。

劍旗魚是大型掠食性魚類，會捕食其他魚類和烏賊。

劍旗魚擁有敏銳的視力,可以觀察獵物,
加上牠會使用鋒利的「劍」攻擊、刺穿獵物,
可說是海洋裡強勢凶猛的捕獵者。

高速前進中的劍旗魚,
甚至能用它這根堅硬的上頜骨刺穿很厚的船底。

更多冷知識

①劍旗魚性情凶猛,經常用「劍」攻擊像鯨魚
這類的大型水生生物。2017 年,一名英國男
子坐船旅遊時被突然躍出水面的劍旗魚刺穿脖
子,幸好沒傷到大動脈。

②超音速飛機的設計和誕生就是從劍旗魚身上
獲得的靈感。科學家在飛機的前方安裝了一根
長「針」,這根長針衝破了飛行中產生的「音障」,
誕生了超音速飛機。

22. 長得像豬的章魚

2019 年 7 月 22 日，美國海洋研究團隊在夏威夷附近水域，
於水下 1385 公尺深的巴爾米拉環礁發現了一隻俗稱「小豬章魚」的罕見生物。

小豬章魚

牠的學名叫帶狀仔豬魷魚，是深海章魚。
因為身形圓滾滾，臉部的虹吸管像豬鼻子，
整隻章魚看起來像長了一張小豬臉。

牠長在頭頂的觸鬚像是捲曲的毛髮，
體內有一個發光器官，能夠發出橙色光，可以在幽暗的深海裡照明。

初生的小豬章魚渾身透明，逐漸長大後，身體顏色也會逐漸加深。
成年後牠也僅有 10 公分長，只比一個橘子略大一些。

成 年

牠通常生活在水下 200~1000 公尺的深海域，
目前科學家對牠的了解還不多。

縮

伸

縮

但從體形可以判斷，牠應該是游動速度緩慢的章魚。

更多冷知識

①小豬章魚主要是透過裝滿氨氣的內腔調節自
身浮力。

②從目前稀少的接觸報告可知，小豬章魚不怕
被人近距離拍攝。

23. 海洋裏的「魚醫生」

海洋裡有一些以幫其他海洋生物「治病」維生的「魚醫生」，
例如清潔蝦和清潔魚。

清潔魚

請別亂動。

為您治療中。

清潔蝦

* 清潔蝦和清潔魚都是統稱，不是單獨指某個品種。有些清潔蝦甚至不是蝦，只是形態類似。

清潔蝦依靠取食生活在珊瑚礁附近的魚類的體表寄生蟲和壞死組織維生。

醫生蝦

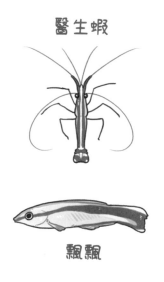

飄飄

常見的一種清潔魚叫「裂唇魚」，長得鮮艷奪目，別名叫「飄飄」，
牠專為生病的大魚清潔，故又被稱為「魚醫生」。

即使是面對凶悍的肉食類大魚，清潔蝦和清潔魚也會為其提供口腔清潔，
並在清潔的過程中獲取食物。

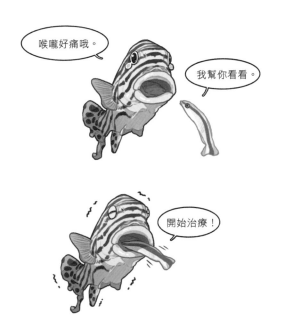

受到微生物或寄生蟲侵襲而生病的大魚前來求醫時，
會主動張開嘴巴，讓小小的「魚醫生」進入，清潔牠的嘴、喉嚨和牙縫。

在「服務」期間從未發生過「患者」攻擊「魚醫生」的事情。
這是自然界相互依存，互惠互利的共生現象。

更多冷知識

①曾有一名男子在海裡潛水時偶遇一隻清潔蝦，他模仿海中魚類的樣子張開嘴巴，這隻清潔蝦也游到他的嘴巴裡，幫他清理了牙齒上的殘渣。

②清潔蝦可以養在海水水族箱裡當清潔員，牠們是缸中食物碎屑分解的高手，可是一旦缸中貝類或魚類受傷或是受損，會很容易被清潔蝦當成食物處理掉，所以飼主需要隨時留意水族箱內情況。

24. 為什麼小鴨子破殼不久就可以獨自活動？

剛破殼而出的小鴨子能跟著大鴨一起走路、游泳，
但小燕子出殼後連眼睛都睜不開，要在巢內繼續成長 20 天左右才能離巢活動。
都是鳥類，為什麼會有這樣的差別？

生日快樂。

該去學游泳了。

剛孵化出來的禽鳥，根據自身覓食、活動及保持身體恆溫的能力，
可以分為早成鳥和晚成鳥兩種。

早成鳥

早成鳥指的是出殼時體表已經長好濃密的絨毛，眼睛也能夠睜開，
幾小時後就可以跟隨親鳥活動的雛鳥。多數陸禽、游禽的雛鳥就是早成鳥。

而大部分的雀形目鳥類屬於晚成鳥，像家鴿、燕子、麻雀、老鷹等。
這些雛鳥從殼裡出來時，身上少毛甚至無毛，眼睛睜不開，無法獨立生活，
必須留在巢內由親鳥照顧，繼續發育成長。

在這兩種類型之間，還有一些過渡類型。
例如鷗類的雛鳥，出殼時體表有稀疏的絨毛，也有一定的活動能力，
但活動範圍基本是在巢穴的附近，這種屬於半早成型。

這都是不同物種長期適應環境和自然選擇形成的結果。

更多冷知識

①因為晚成鳥需要親鳥照顧，要在巢穴內完成後期發育，所以一個安全牢固的巢穴非常重要。晚成鳥的巢穴通常比較精巧牢固，並且隱蔽。晚成鳥的成活率高於早成鳥，其中鳥巢發揮了很大的作用。

②早成鳥的卵與雛的死亡率都比晚成鳥的高得多，所以早成鳥產卵的數量比晚成鳥多，以此提高最終存活的個體數量。

25. 華美極樂鳥為什麼會「裝鬼臉」?

華美極樂鳥,又名華美風鳥,是一種觀賞鳥,
分布在新幾內亞島的熱帶雨林。

愛吃果實、昆蟲,尤其喜歡無花果。

雄鳥在求偶的時候會張開雙翼,
形成一張半橢圓形的黑色「屏風」,跟孔雀開屏有異曲同工之妙。

此時雄鳥胸前的藍色胸盾也會張開成一條藍色長條，

"裝鬼臉" 步驟

頭頂的藍色羽片在「屏風」上成了兩個藍色的點，像是一對明亮的藍色眼睛。

整個組合起來像是一張鬼臉圖案，奇異又美麗。

雄鳥保持這個造型的同時會在雌鳥面前反覆跳躍、舞蹈，表達愛意。

更多冷知識

①極樂鳥的長相普遍非常漂亮，但牠們的叫聲
卻不太美妙，非常單調，有的像風嘯聲，有的
像口哨聲。

②成年極樂鳥的天敵很少，但幼鳥時期容易被
覓食的大鳥和蛇類捕獲。

26. 穿著藍色靴子的鳥——藍腳鰹鳥

藍腳鰹鳥是一種海鳥，分布於美國、秘魯、墨西哥、智利等太平洋東岸地區。
牠們主要在海裡捕食魷魚或沙丁魚。

藍色是我的代表色。

藍腳鰹鳥

這種海鳥最顯著的特徵就是牠們那雙藍色的「靴子」。

只要把沙丁魚吃掉。

腳就能變成藍色了！

藍腳鰹鳥的雙腳之所以是藍色的，
正是因為牠們喜歡捕食沙丁魚。

沙丁魚體內的類胡蘿蔔素在進入藍腳鰹鳥體內後，
會與一些特殊的蛋白質結合，便形成腳蹼獨特的亮藍色。

所以，一隻雄性藍腳鰹鳥的腳蹼藍色越顯眼，
代表它吃得越好、營養越充足，體格自然也更強健。

更多冷知識

①雄性藍腳鰹鳥的示愛方式是炫耀自己的腳及跳舞來吸引雌鳥。在跳舞期間，雄鳥會張開雙翼，雙腳踏在地上。

②藍腳鰹鳥基本實行一夫一妻制，雄雌兩性會一起照顧雛鳥，輪流出外獵食。

27. 南極的企鵝不是「真正的」企鵝？

我們都知道企鵝生活在南極，但是，幾百年前北極也有企鵝。

我才是真正的企鵝！

大海雀

1497 年，歐洲人在北美洲的紐芬蘭捕魚時發現了一種身穿「黑禮服」的鳥，
牠們翅膀短小不能飛，但擅長潛水捕魚，歐洲人把牠們稱為企鵝。

這種最初被叫做「企鵝」的鳥實際上是已經在 19 世紀滅絕了的大海雀，
長得跟我們現在所說的企鵝十分相像。

大海雀和企鵝長得像、生活方式相像，
但兩者沒有太近的親緣關係。

北極"企鵝"

南極"企鵝"

後來，歐洲人在南半球見到如今的企鵝，
誤以為是跟北半球的大海雀是一樣的動物，於是也叫牠們企鵝。

南極也有企鵝！

所以現在我們熟知的南極企鵝，並不是「真正的」企鵝。

現在已經為大海雀和企鵝這兩種動物獨立命名，
「企鵝」這個名字屬於我們熟悉的南極企鵝了。

更多冷知識

①人類宰殺大海雀的紀錄可追溯至舊石器時代。15 世紀開始的小冰期對大海雀的生存產生了一定的威脅，但大海雀最終滅絕還是由於人類任意捕殺和對其棲息地大面積開發所致。

②因為大海雀不會飛行、行走緩慢、不怕人類等種種特性，招致人類大量屠殺以獲得牠們的肉、蛋和羽毛。此外，因為大海雀以及大海雀蛋的標本是昂貴的收藏品，所以同樣引來了捕殺。

28. 行走的奇異果——奇異鳥

奇異鳥的名字取自牠的叫聲，是紐西蘭特有的物種。

不要嚇我啦。

奇異鳥渾身長滿蓬鬆細密的羽毛，毛色像奇異果。
奇異鳥不能飛翔，但牠的祖先曾經會飛。
奇異鳥的故鄉是紐西蘭，沒有猛獸和蛇，是鳥類天堂，
加上地面上食物豐富，使奇異鳥無須飛翔覓食，於是翅膀就逐漸退化了。

行走的奇異果

牠的雙腿粗短有力，善於奔跑，時速可達每小時 15 公里，
跟同類打架時，還能把對方一腳踢出 1.5 公尺外。

奇異鳥很容易受到驚嚇，所以牠們白天會躲在地洞或樹根洞內，
晚上才出來覓食、活動。

奇異鳥主要以昆蟲、蚯蚓、漿果、葉子等為食物，
牠的鼻孔長在嘴巴尖端，嗅覺非常好，可以憑此找到地下十幾公分深處的蟲子。

雞蛋

奇異鳥生的蛋非常大，重約 0.5 公斤，相當於雌鳥體重的三分之一。

更多冷知識

①奇異鳥是紐西蘭的國鳥。鑑於外來物種如貓類對奇異鳥的威脅最大，紐西蘭政府已頒布法例，禁止家貓夜間在有奇異鳥活動的地區出沒，以減少其在夜間活動時被貓殺掉的概率。

②奇異鳥是終生一夫一妻制，夫妻關係可長達20年，即使配偶死亡，另一隻也會「守寡」。雄性奇異鳥負責孵卵，紐西蘭人因此將顧家的男人叫作 Kiwi husband，即奇異鳥丈夫。

29. 長相奇怪又有趣的多肉植物

多肉植物也叫肉質植物，是指植物能在土壤乾旱的條件下擁有肥大的葉或莖，
甚至貯藏器官。多肉植物主要生長於沙漠及海岸乾旱地區。
它們的根、莖都特別肥大。

全世界共有一萬多種多肉植物，
其中有一些長相奇怪又有趣：

狀態良好的「熊童子」爪尖紅紅的，長滿絨毛，
像胖乎乎的熊掌在向你打招呼。

小紅嘴

「小紅嘴」是一顆長了粉嫩「小紅脣」的圓球。

小酒杯

酒杯一樣形狀的部分是它的肉質葉，
它的邊緣像荷葉一樣向上捲曲，長得像荷葉又像酒杯。

碧光環

長得像一群小兔子，十分可愛，
漸漸長大後，「兔耳朵」也會越來越長。

更多冷知識

①多肉植物依貯水器官的不同分為四大類：葉多肉、莖多肉、根多肉、全多肉。仙人掌屬於一種莖多肉植物。

② 2020 年 2 月 28 日，美國一名女子在社群平台抱怨，自己悉心照顧了兩年多的一株多肉植物竟然是假的，是塑膠製品。

30. 爲什麼磨菇通常都在雨後長出來

蘑菇屬於真菌類，以孢子進行繁殖，
孢子散播到哪裡，就會在哪裡長出新的蘑菇。

蘑菇是由菌絲體和子實體兩部分組成。當孢子落到土壤便長出菌絲。

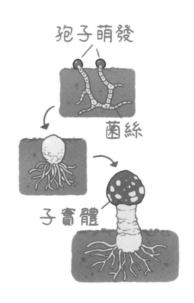

菌絲在土壤或腐爛木頭中吸取現成的養分後會長出子實體，
子實體就是我們肉眼可見的蘑菇的傘狀部分。

蘑菇生長在潮濕溫暖且富含有機質的地方，
在乾燥、貧瘠的土壤或環境裡是很難找到蘑菇的。

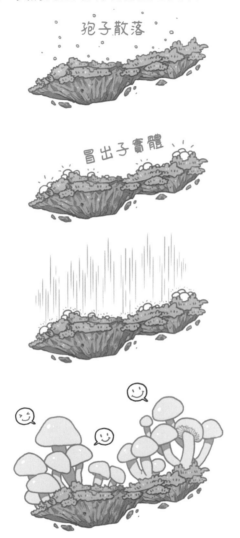

孢子散落

冒出子實體

蘑菇的子實體起初很小，人們不容易發現，但只要吸飽水分，
它就會在很短的時間內伸展開來。
因此下雨後，蘑菇就像憑空變出來似的，長得又多又快。

更多冷知識

①世界上最大的真菌子實體是 2010 年在海南省海拔 958 公尺的原始林中發現的橢圓嗜藍孢孔菌子實體。它已生長 20 年，長度超過 10 公尺，重量超過 500 公斤。

②鮮艷的蘑菇通常有毒，但這不代表外表不起眼的蘑菇就沒有毒，有許多毒蘑菇與食用菇長得非常像。目前沒有簡單的方法可以直接判定某種蘑菇是否可食用。摘採野生菇類食用是非常危險的行為。

小劇場01

羊駝毛有很高的利用價值

▼

優質的羊駝毛可作為羊毛的更高級替代品。

每隻成年羊駝一年可產絨毛3~5公斤,一年僅能剪絨一次。

所以,愛會轉移,對嗎?

羊駝絨毛的韌性為綿羊毛的2倍。用高級羊駝絨毛製成的衣服輕柔暖和,穿著舒服。

羊駝的品種

瓦卡亞羊駝
是羊駝中最常見的品種,毛色多達22種,常見的是白色、棕色和黑色三種。

像我這般美麗的羊駝,

世上可不多見哦。

蘇利羊駝
數量稀有,占羊駝總量的6%左右,擁有羊駝中最長的毛髮,性情溫馴,聰明伶俐。

全身雪白的蘇利羊駝更加稀有,據統計,全世界僅發現十萬多隻。

蘇利羊駝的毛不僅細長,而且猶如絲綢般光滑,可製成高級的毛織物。

憤怒的小啾

啾啾。
啾啾啾。
啾？

憤怒

如何讓小鳥快速入睡

▼

夜間燈火通明的城市會讓很多棲息的鳥類失眠。

〝人造黑夜〞

養過寵物鳥的人都知道，在鳥籠蓋上布毯子製造漆黑的環境，小鳥很快就會入睡。

〝催眠眼〞

如果你跟所養的小鳥關係很親近，牠還能在你溫柔的撫摸下慢慢睡著。

請繼續閱讀。

千奇百怪

31.「打哈欠」真的會傳染嗎？

每當身邊有人打哈欠，我們也會不由自主地跟著打哈欠，
難道，打哈欠也能傳染嗎？

除了人類，貓、狗、鳥等動物也都會打哈欠。
但是一隻貓打哈欠，卻不會影響旁邊的貓。

打哈欠相互傳染的情況只有在人類和猩猩這類靈長目動物之間才會發生。

所謂「打哈欠會傳染」實際上是一種模仿行為，屬於一種心理暗示。
當我們看到別人打哈欠時，視覺會刺激大腦皮層，刺激神經反射。

我們不但會被身邊打哈欠的人傳染，看見打哈欠的圖片，
同樣會產生視覺刺激，也會跟著打起哈欠。

更多冷知識

①魚類也會打哈欠。	②當我們睡眠不足、過度勞累時，特別容易打哈欠打個不停，這是身體發出的警告，提醒我們需要休息。

32. 在什麼樣的溫度下睡眠最舒服？

溫暖的被窩特別容易讓人睡著，相反地，冷冰冰的環境就很難讓人入睡了。

這說明溫度與睡眠品質有直接關係。

研究指出，室內的溫度、濕度和光照等因素都會對睡眠產生影響。

室內溫度在 20℃ ~ 23℃時最適合睡眠。
20℃以下的環境，睡覺時會覺得有點冷；
23℃以上的環境，睡覺時會覺得有點熱。

在20℃環境裡睡覺，

最舒服了。

若被窩裡溫度較低，要靠人體體溫過段時間才能變溫暖，
這樣會使得人的體表經受一段時間的寒冷刺激，
令大腦皮層興奮，導致難以入睡，或是無法進入深度睡眠。

先用電熱毯暖被

當被窩裡的溫度處在 32℃ ~ 34℃時，人最容易入睡，
所以，我們在冬天可以先把被窩弄暖提高睡眠品質。

更多冷知識

①睡前洗熱水澡和睡覺時穿襪子都有助於改善睡眠，因為提高皮膚溫度可讓人更快產生睡意，增加大腦中與睡眠調節有關的區域的神經元活動。

②開燈睡覺會影響睡眠品質，因為明亮的光線會妨礙身體分泌褪黑激素和血清素。

33. 大腦越用越聰明的秘訣 是學習新事物？

我們的大腦是用來思考的重要器官，大腦可以透過學習、思考，來保持活躍度。
它就像刀一樣，如果不經常使用就會「生鏽」，變得遲鈍。

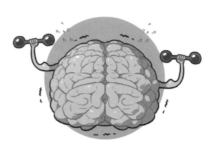

鍛鍊大腦

科學家證實了成人的大腦是富有張力的，
對學習和記憶力有重要影響的大腦區域——海馬迴，
裡面的神經元在我們的一生中會不斷再生並形成新的聯結，
這就是神經元再生。

如何能刺激神經元再生呢？研究員將一批成年老鼠放進充滿遊戲道具的籠子，
讓這些老鼠常常玩球、跑轉輪、鑽管道。

實驗持續 40 多天，這些老鼠海馬迴中的神經元的數量是其他老鼠的 5 倍，
同時它們在學習、探索等測試中都比其他老鼠表現得更聰明。

三個月後。

這說明人類同樣可以透過學習新的知識，接觸新的環境，迎接新挑戰等刺激大腦，
並因此持續使用大腦，保持活躍，令大腦變得更聰明。

更多冷知識

①超憶症是一種非常罕見的病症，患者沒有遺忘的能力，能牢牢記住自己親身經歷的所有事情，甚至具體到每一個細節。

②大腦是人類全身唯一一個沒有痛覺感應的器官，雖然它布滿神經，但沒有負責感應疼痛的感應器。

34.「痘痘」不是突然長出來的

我們俗稱「痘痘」的皮膚病又叫痤瘡，
是皮膚油脂過度分泌，加上毛囊口堵塞、細菌繁殖、皮膚炎症等相互作用下產生的。

「痘痘」一般是毛孔堵塞造成的，形成時間最少要 3~6 個月，
毛孔堵塞了，不一定能馬上形成長在皮膚表面的小紅疙瘩。

當我們在某一天因為熬夜了、飲食不注意等原因刺激到它，
才會導致「痘痘」發炎，冒出體表。

我們的臉部是身體分泌皮脂最多的部位，長了很多毛孔。
一個成年人的全身約有 200 萬個毛孔，其中有 20 萬個分布在臉上。

每個人臉上都有20萬個毛孔，

任何一個毛孔堵塞了，

都可能會長出痘痘。

① 2015 年的統計顯示，痤瘡在全球影響了 6.33 億人，成為全球第八大常見疾病。

②臉部表皮完全更新一次的週期是 45~75 天，這意味著只需要一個多月的時間，臉部的皮膚就會全部重新長一遍了。

35. 為什麼大多數人都習慣使用右手？

世界上有大約 90% 的人習慣使用右手，
我們把人類習慣使用的手稱為慣用手（也叫「利手」），即有 90% 的人類是右撇子。

人們究竟為什麼習慣使用右手，而不是左手呢？

有研究員認為，人們習慣用右手，是在勞動、生活中長期養成的。
有考古證據指出，石器時代的人們會成群結隊出動，
手裡拿著石斧、石矛與野獸搏鬥。

交戰時，人類會本能地用左手保護左胸的心臟，以免被野獸利爪利牙所傷，
而用右手拿著武器對付野獸。

但人類天生慣用右手的原因，目前科學家依然未能提出有力的結論。
不過科學家認可這是跟基因和環境的共同作用有關，重要因素可能是遺傳。

注：有一些左撇子被要求練習用右手寫字，長久下來兩隻手都能寫字。

更多冷知識

①人體除雙手之外的其他器官其實也是會有慣用左或慣用右的情形，比如眼睛、耳朵、雙腳。

②動物界也有類似的情況，但其他動物的左、右撇子比例幾乎相同，只有人類是右撇子占大多數，這是自然界中的特例。

36. 如何讓一塊磁鐵失去磁性？

磁鐵的成分是鐵、鈷、鎳等原子組成，
它能夠產生磁場，能吸引鐵磁性物質如鐵、鎳、鈷等金屬。

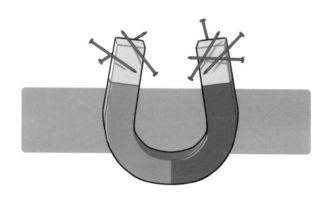

磁鐵可分為「永久磁鐵」與「非永久磁鐵」兩種。

天然磁石

釹磁鐵

永久磁鐵可以是天然產物，即天然磁石；
也可以是人工製造，例如最強的磁鐵——釹磁鐵。
非永久磁鐵通常是由人工製造，只有在某些條件下才有磁性，
一般以電磁鐵的形式產生，也就是利用電流來強化其磁場。

想讓一塊磁鐵失去磁性，有兩種簡單的方法。

1.把磁鐵加熱

一種是加熱。因為溫度越高，分子運動得越劇烈，當磁鐵被加熱到 770°C時，
電子便不聽指揮到處亂跑，磁效應也就消失了。

2.把磁鐵浸在水裡

另一種是將磁鐵浸在水裡，氧化時間越長，
它的物理特性及磁性就越容易發生改變，直到使其失去磁性。

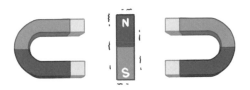

如果想恢復失去磁性的磁鐵，只需要把它放到磁場中，
當磁化強度達到某一數值，它又會被磁化，磁性便恢復如初。

更多冷知識

①古代人是從天然磁石中認識到磁性的。天然磁石一般是在自然界被磁化的鐵礦石，會吸引鐵的物品。

②早在二千五百年前，希臘、印度和中國就有記載磁鐵及其性質的文獻。文獻將磁鐵稱為「慈石」，在《管子》《呂氏春秋》及《淮南子》中有提及。

37. 為什麼天氣越冷，手機耗電越快？

在寒冷的冬天，明明出門時看見手機還剩 80% 的電，
但在戶外稍微使用了一會兒，電量忽然就只剩 20% 了。

難道天氣越冷，手機耗電越快嗎？其實這是與手機電池的特點有關。

鋰離子電池

特點：怕冷

我們手機所使用的鋰離子電池，是一種怕冷的電池。

在環境溫度較低的情況下，鋰離子的活性會降低，
導致手機電池不耐用，耗電速度加快。

當溫度下降到攝氏零度或者零下的時候，
手機還可能會自動關機，這是為了保護電池。

所以在寒冷的冬天，手機在 10℃ ~ 40℃的室內環境下使用比較正常，
而在溫度較低的室外，電池的電量下降速度就會加快。

更多冷知識

①世界上第一部行動電話誕生於 1985 年。當時
行動電話還不叫「手機」，因為這種電話要像背
包那樣背著行走，因此叫做肩背電話。

②當手機提示「電量不足請及時充電」時，最
好趕快充電。總是把手機電池用至 1%，這樣會
讓手機電池過度放電，容易損耗電池。

38. 生日時吃蛋糕為什麼要吹蠟燭?

吃生日蛋糕時要吹蠟蠋的習俗,最早是起源於古希臘。

古希臘人對月亮女神阿爾忒彌斯十分崇拜,每年都要為她舉行生日慶典。
在祭壇上,供奉用麵粉和蜂蜜做成的蜂蜜餅,上面插著點亮的蠟燭。

蠟燭發出的光亮,在古希臘人看來是月亮的光輝,
以此表達他們對月亮女神的崇拜之情。

後來，古希臘人為自家孩子慶祝生日時也喜歡擺上蛋糕，
插上蠟燭，而且還增加了吹蠟燭的環節。

他們相信，燃燒著的蠟燭具有某種神奇、神秘的力量。
過生日的人在心中默默許下心願，然後一口氣吹滅所有蠟燭便可實現願望。
這個美好的習俗在世界各地廣為流傳至今。

更多冷知識

①獻桃賀壽是中華傳統民俗之一。這種慶賀生日的桃子叫壽桃。時至今日，依然有人喜歡用傳統壽桃慶祝生日。

②將蠟燭冷凍二十四小時後再插到生日蛋糕上，點燃時就不會流下燭油。

39. 為什麼水上救生衣都是橙黃色的？

你有留意過嗎，救生衣的顏色幾乎都是橙黃色，這是為什麼呢？

橙黃色十分顯眼，更容易讓人注意到。
橙黃色的救生衣大大提高了被人發現、營救的可能性，
在茫茫大海中，救援者能更快更容易地辨認出目標。

還有一個非常重要的原因，
這種顏色能有效地減少鯊魚對求救者的傷害。

研究員發現鯊魚非常害怕橙黃色的物體，
利用這點將游泳圈、救生衣設計為橙黃色，
可以讓鯊魚遠離。

不過，關於鯊魚為什麼不喜歡接近這個顏色還沒有準確的說法，
其中一種說法是海裡有一種毒性猛烈的橘黃色海蛇，
牠的毒性對鯊魚有極大的殺傷力，
鯊魚非常害怕這種海蛇，也連帶著害怕橙色的東西。

警告
我有劇毒哦。

更多冷知識

①專業運動員在游泳的時候會戴兩個泳帽。戴在內側的泳帽是為了增加泳鏡和頭部的摩擦力，而外側泳帽可以減少頭部與水之間的阻力。

②游泳圈跟救生圈是不一樣的。塑料充氣游泳圈只是水上充氣玩具，不是救生圈，不能作為救生用具使用。

40. 羽毛球有多少根羽毛？

你有沒有數過，每一個羽毛球是由多少根羽毛組成的呢？

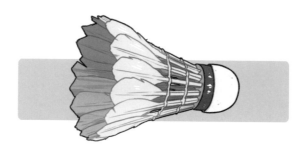

國際標準的羽毛球是有 16 根羽毛固定在球托上的。

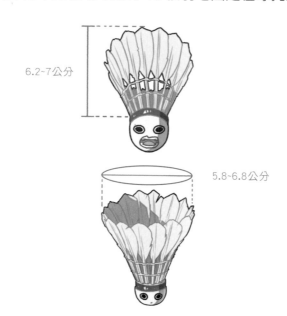

6.2~7公分

5.8~6.8公分

每一根羽毛長 6.2~7 公分，每一個球的羽毛從球托面到羽毛尖的長度應該一致。
羽毛頂端圍成的圓形直徑應該是 5.8~6.8 公分。

在同一個羽毛球上使用的 16 根羽毛必須是同種而且造型要盡量相似，
確保毛片大小一致才能保證羽毛球的飛行品質。

16根形狀相近的羽毛

高品質的羽毛球是用優質鵝毛做羽毛，
鵝毛的強度、韌性都特別符合羽毛球的製作要求。

但是使用鵝毛成本較高，而且供應數量有限，
所以一些要求不高的羽毛球廠商會採用鴨毛代替。

更多冷知識

①羽毛球是球速最快的球類運動。球速最快的
羽毛球可達到時速 261 公里。

②壁球和網球的球速也很快，最高時速分別是
每小時 243 公里和每小時 230 公里。

41. 不倒翁為什麼推不倒？

不倒翁，顧名思義就是指不會倒下的人偶。
即使橫著放置不倒翁，一旦手鬆開了，它還是能立起來。

不倒翁推不倒的秘密在於它的大肚子，以及「肚子裡」的大鐵塊。

鐵塊

大肚子使不倒翁與接觸面之間的支撐面變大，而固定在肚裡的鐵塊
使不倒翁整體的重心固定在下方，特別穩定，所以倒了還能自己立起來。
豎立在桌面上的書就不一樣了，首先它的支撐面非常小，
重心位置偏高，所以一碰就倒。

判斷一個物體會不會穩定，有兩個條件，
一是物體支撐面面積的大小，二是物體重心的高低。

不倒翁底座基本都是圓的，重心比較低。
當把不倒翁傾斜擺放，它的重心和著地點之間就產生了一個力矩。
由於力矩的作用，不倒翁就算倒下也只會不停搖擺，「掙扎著」恢復到站立狀態。

更多冷知識

①不倒翁是很古老的兒童玩具，最早出現於唐代。

②唐代的捕醉仙就是一種不倒翁。捕醉仙又叫勸酒胡、酒鬍子，是一種勸酒的工具。

42. 燕窩的營養成分真的更好嗎？

燕窩是金絲燕利用苔蘚、海藻和柔軟枝條，
混合牠們的羽毛和唾液膠結而成的鳥窩。

金絲燕眼中的鳥窩

別人眼中的鳥窩

人們把這種鳥窩取下來，經過提取和粹煉成為名貴的補品燕窩。

賣燕窩的商人總是強調燕窩是上等的滋補養生品，
在古時候是達官貴人才能享用的，相傳營養成分極高且優質。

研究人員很早前就研究過燕窩所含有的營養成分，
得出的結論是，燕窩的蛋白質含量的確比較高，
但營養成分與我們從日常食物中所攝取的沒有差別。

100克燕窩含有49克蛋白質

100克雞蛋含有14克蛋白質

100克燕窩標價300元以上

100克雞蛋標價10元以下

價格太貴了吧！

對不起……

燕窩雖可做為食材，但是它的營養價值沒有市場吹噓的那麼神奇，
不須迷信所謂的滋補養生功效。

更多冷知識

①燕窩最重要的營養成分為唾液酸，含量可達 10% 左右。因為燕窩是唾液酸含量最高的天然食材，唾液酸有時又被稱為「燕窩酸」。

②航海家鄭和被認為是第一個品嘗燕窩的華人。在他下西洋後，燕窩成了明成祖時期的貢品。但是，考古學家在馬來西亞挖掘唐代瓷器時曾發現取窩鏟，據此推斷唐朝時期已經出現了燕窩貿易。

43. 皮蛋是怎麼來的？

皮蛋又叫做松花蛋、變蛋等，是中國發明的特有食品，口味獨特。
外國人覺得皮蛋一定是放了很長的時間才會那麼黑，
所以皮蛋的英文名叫「百年蛋」或「千年蛋」。
再加上皮蛋的味道不是人人都能接受，西方人便將之稱為「地獄蛋」。

顏色發黑的皮蛋到底是怎麼做出來的呢？

皮蛋的製作方法挺簡單的，
材料包括鴨蛋（或者鵝蛋）、茶水、食鹽、生石灰、草木灰和米糠。

第一步，用茶水洗淨鴨蛋，
洗刷掉鴨蛋表面的一層膜。

第二步，將食鹽、生石灰和草木灰攪拌混入茶水中，製作出「灰」。

第三步，將「灰」均勻地塗在鴨蛋表面，並適當地灑入一些米糠
將每顆蛋分隔開來。

第四步，將處理好的鴨蛋放在陰涼處密封浸漬 12 天。

12 天後，把蛋拿出來放在通風陰涼處 50 天，美味的皮蛋就製作完成了！

更多冷知識

①根據《益陽縣志》記載，皮蛋是在明朝初年，由湖南省益陽縣的農戶偶然發現的。當時有一家人養的鴨在家裡的一個石灰滷裡下蛋，這些蛋在兩個月後被發現。剝殼後，蛋白蛋黃都已經凝固了。

②有些外國人聽到「百年蛋（Century Egg）」這個名字，想到烏龜壽命很長，就以為皮蛋是百年的烏龜蛋。

44. 元宵和湯圓有什麼區別？

在台灣冬至要吃湯圓，正月十五要吃元宵，
常常有人以為它們都是同一種食物，但其實兩者是有區別的。

簡單來說，湯圓是用搓的，但元宵是用滾的，
兩者在製作方法和口感上都是不一樣的。

元宵傳統做法是將和好切塊的餡料，
過水一遍後，扔進裝滿糯米粉的大竹篩，
搖晃竹篩沾滿一層粉後，再沾水裏下一層，
反覆數次後待餡料滾成圓球並沾滿厚厚一層糯米粉才算完成。

湯圓的製作方法像包子的做法。

把糯米粉加水和成團，放置幾小時後擀成皮。
將餡料放進皮後包起來，用掌心搓成一顆顆圓形，就完成了。

煮好的元宵是表皮鬆軟，餡料口感實在，有嚼勁；
煮好的湯圓是又軟又滑，吃起來口感比較軟綿。

更多冷知識

①因為元宵冷凍後容易裂開，所以它的保鮮期比較短。而湯圓可以冷凍起來，所以保鮮期比較長。

②由於元宵一般只用甜餡料製作，所以味道是甜的；而湯圓的餡料則有甜有鹹。

45. 狗才是最早被訓練去抓老鼠的動物?

人類防治鼠害已有上千年的歷史。

老鼠破壞農耕,還會傳播包括鼠疫在內的瘟疫,在日常生活中需要時常提防牠。

老鼠的繁殖能力和生存能力都很強,人類便想到可以用動物對付老鼠。

我們都知道養貓是用來抓老鼠的,但貓並不是人類最早訓練去捕鼠的動物。

從文獻和考古發現可以證實,華夏民族最早馴化的捕鼠動物其實是狗。

先泰時期將專門捉老鼠的狗稱為「鼠狗」。

在四川省三台縣古墓中，考古人員也發現了一塊鼠狗形象的雕塑，
雕刻了一隻雙目炯炯有神的鼠狗。

為什麼考古人員知道牠就是鼠狗呢？因為這隻狗口中叼著一隻肥大的老鼠。

更多冷知識

①最早記載人類馴化狗捕鼠的文獻資料是一則先秦趣聞，它出自《呂氏春秋·士容論》，叫《良狗捕鼠》。雖然這個故事說的是有人買來的好狗不會捉老鼠，但說明那個時候已經有養狗捉老鼠的情況了。

②根據文獻記載，西漢中期，皇宮內鼠患十分嚴重。皇宮內捕鼠的跛犬，其地位甚至可以跟漢匈戰爭中使用的戰馬相提並論。

46. 貓爲什麼那麼喜歡抓老鼠？

喜歡抓老鼠吃的肉食動物有許多，像狐狸、豺狼、貓頭鷹和蛇等。

這個名單裡自然少不了我們最熟悉的動物──貓。
為什麼這些肉食動物都喜歡捕抓老鼠呢？

從食物鏈的角度分析，老鼠是包括貓在內的肉食動物們的「優質午餐」。

老鼠肉不僅富含蛋白質，而且含有一種叫牛磺酸的物質。

貓特別需要牛磺酸，而且貓自身無法合成這種物質，必須從外界攝取。
如果貓缺乏牛磺酸，容易患上夜盲症。
所以捕食老鼠對貓來說是滿足自身營養需求的行為。

還有一個原因讓老鼠成了貓的主食——野生老鼠的數量巨大，
能夠源源不斷地養活野貓，以及其他肉食動物。
即使老鼠在野外有如此多的天敵，牠們依然能靠強大的繁殖力生生不息。

更多冷知識

①家養的寵物貓，吃不到老鼠，需要另外補充牛磺酸含量比較豐富的食物，比如海魚、章魚、蝦等海產。

②蛙類除了捕食昆蟲，也有捕食老鼠的，像非洲牛蛙遇到老鼠就直接一口吞。

47. 塑料污染將成為人類生存的新挑戰

如今許多商家提供外賣服務時，多會倡導使用環保的餐具，
比如以紙吸管、木匙等代替以往的塑料吸管和一次性塑料餐具，
或是建議顧客自備餐具。
而超市、便利店等不再免費提供塑膠袋也已經實行多年。

世界上許多國家都已實行「限塑」政策，
積極地為防止塑料污染採取有效行動。

每年，大量塑料垃圾進入海洋、土壤等環境，
動物和人類都成了塑料污染的受害者。

研究人員估算，到了 2040 年，即使人們繼續保持採取有效的防止污染行動，仍然會有約 7.1 億噸塑料垃圾進入陸地環境。

7.1億噸塑料垃圾

塑料污染同樣會進入到海洋，而且塑料在海水裡也不會被分解。
到 2040 年時，海洋中的塑料垃圾累積量可能高達 6 億噸，
地球的海洋生態將面臨嚴重的破壞。

塑料污染正在成為人類生存的新挑戰。
我們每個人今天減少使用一次性塑料用品就是在拯救未來的自己。

更多冷知識

①近幾年來在世界上的很多海域，人們陸續發現大量的海龜非正常死亡。透過解剖海龜屍體時發現，牠們的胃中有許多的塑膠袋。因為海龜十分喜歡吃水母，推測是人類丟在海中的塑膠袋被海龜誤認為是水母而吃下，無法消化導致死亡。

②除了海龜，海鳥、海魚等生物也都有誤食塑料垃圾而死亡的情況。

48. 口香糖也會污染環境?

口香糖主要是由食品添加劑和膠基組成,
我們嚼完口香糖留下的殘渣膠質物體就是膠基。
膠基是一種無營養,不消化且不溶於水的易咀嚼性固體。

口香糖的殘渣對環境也會造成污染。
膠基的成分比較複雜,主要是橡膠和碳酸鈣,具有很強的黏合性。
隨意將口香糖殘渣吐在地上,它會沾染灰塵和細菌,並且非常難清理。

一塊小小口香糖的殘渣看起來不起眼，
可是清理起來卻如此的麻煩和費力。

嚼過的口香糖

嚼完口香糖不要亂丟，因為裡面含有香料、膠基等原料，
對寵物和一些野生動物而言可能是劇毒。

處理口香糖殘渣的
正確方法：

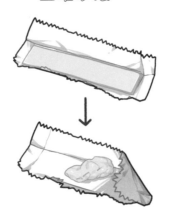

用包裝紙包起來再丟入垃圾筒

處理口香糖殘渣的正確方法就是用包裝紙將它包起來丟入垃圾筒，
千萬不要隨地亂吐，影響環境衛生。

更多冷知識

①隨地亂吐的口香糖也有可能被鳥類誤食，危害鳥類生命安全。

②口香糖是人類歷史上最古老的糖果之一。考古學家發現早在有歷史記載以前，人類的祖先就愛咀嚼天然樹脂，這就是最原始的「口香糖」。

49. 異常天氣的徵兆——聖嬰現象

聖嬰現象（西班牙語譯為厄爾尼諾），意思是「聖子」或「聖嬰」。

最初是秘魯及厄瓜多的漁民用來指發生於聖誕節前後，
並持續數月的溫暖洋流，導致漁獲量減少，
但現在聖嬰現象造成的氣候異常已影響全球。

除了聖嬰現象也有反聖嬰現象。

聖嬰現象指熱帶太平洋海溫異常增暖的一種氣候現象。
熱帶太平洋大範圍溫度升高變暖會造成全球氣候的變化，
但這個現象要持續 3 個月以上，才能認定真正發生了聖嬰現象。

聖嬰現象的出現還會引起全球範圍內的大氣環流異常，造成極端氣候，
導致較大規模的災害性天氣肆虐，如乾旱、洪水、低溫冷害等，並且影響範圍廣。

出現聖嬰現象後，通常會伴隨發生反聖嬰現象。

更多冷知識

①據美國科學家的最新研究，聖嬰現象可能是由於水下火山熔岩噴發引起的。熔岩從大洋底部地殼斷層噴出，將巨大的熱量傳給赤道附近的太平洋海流，使海水增溫變暖，從而導致東太平洋海區水溫及海流方向的異常。

②近年來台灣的暖效應、春雨偏多、局部地區乾旱、颱風侵襲機率降低，都是與聖嬰現象相關。

50. 異常天氣的徵兆——反聖嬰現象

反聖嬰現象是聖嬰現象的相反。

反聖嬰現象同樣出自於西班牙文（西班牙語譯為拉尼娜），意為「聖女」。

拉尼娜

指的是赤道附近東太平洋水溫反常下降現象，

表現為東太平洋明顯變冷，同時也伴隨著全球性氣候混亂。

我喜歡冰冷的感覺。

反聖嬰現通常會發生在聖嬰現象之後。

這兩種異常天氣現象會交替出現，
但反聖嬰現象出現的頻率要比聖嬰現象低。

反聖嬰現象同樣會造成全球氣候異常，中美洲、南美洲的表現是暴雨不斷，
台灣則是冬天會變得很冷。

總體說來，反聖嬰現象的破壞性和影響範圍較低，
但同樣會在全球許多地區帶來災害。

更多冷知識

① 1950 年以來，全球共發生 14 次反聖嬰事件，影響了 17 個冬季。這些冬季中有 13 次是氣溫偏低。換句話說，有反聖嬰出現的冬天能把人冷哭。

② 當反聖嬰現象出現，在北大西洋的颶風也會異常活躍，其帶來的災害多與颶風、暴雨相關。

#小劇場03

幾種不常見的海豚

海豚其實也有
很多品種

▼

海豚屬於小型齒鯨的一類,其
本身也包含許多品種。

〝常見的海豚〞

海豚這一大類中包含十餘個屬,
每個屬中又包含若干種海豚。
海豚品種總共有 30 多種。

不同品種的海豚區別比較大,
外觀和體形都有一定的差異,
分布的海域也不同。

鼠海豚
是一種體型比較小的齒鯨,
跟其他齒鯨的頭顱相比,
鼠海豚吻部的長度比較短。

北露脊海豚
是北太平洋唯一沒有背鰭的海
豚。由於外形太特殊,所以不
會跟其他鯨豚類混淆。

太平洋短吻海豚
身體呈紡錘形,吻部短且
扁。背部是黑灰色,腹面
為白色,喜歡群聚活動。

花斑喉頭海豚
屬於體型較小的海豚,因
為身上花紋極似熊貓而得
到〝熊貓海豚〞的別名。

達摩不倒翁的區別

達摩不倒翁有紅、黃、黑、白色。每種顏色表達不同的寓意。

紅色
紅色達摩代表的是勝負運，日本人會在考試、競賽前佩戴。

黃色
擁有著黃金般顏色的達摩代表金錢運，作用跟招財貓相似。

黑色
黑色達摩代表儲蓄運，好運氣像錢一樣可以越存越多，一般是商家、企業使用。

白色
白色達摩代表的是開始運，祈願可以有一個新的開始。

#小劇場04

為什麼有的達摩沒有眼睛？

達摩不倒翁的用途分為兩種：擺設和祈願。這兩種達摩的區別就是有沒有畫上眼睛。

祈願用達摩

有眼睛的可以擺放在家裡。如果買了沒有眼睛的達摩，正確的使用方法是：

許願後，畫左眼。

實現後，畫右眼。

先許願，然後在達摩的左眼畫上黑色眼珠。等願望實現，再畫右眼慶祝。

請翻開下一頁。

鮮爲人知

▼

51. 龍不是鳳的「原配」？

龍和鳳都是中華傳統文化裡的祥瑞神獸，而且這兩種神獸總是一對出現，
古人習慣以龍代表皇帝，鳳代表皇后。

神獸鳳凰

民間也習慣以龍鳳象徵夫妻。傳統的結婚用品上除了「囍」字，
就數龍鳳出現的頻率最高，意指祝福夫妻婚姻生活美滿。

阿凰

親愛的，我問你。

阿鳳

你跟阿龍是什麼關係？

但古代傳說中的百鳥之王「鳳凰」其實是兩隻鳥——
鳳是雄鳥，凰是雌鳥。
那為什麼雄鳥「鳳」反而會與龍湊成一對呢？

古代傳說中，龍和鳳都是權力和尊嚴的象徵。
從秦朝開始，龍的形象更被帝王認可，
認為龍的形象更霸氣威嚴，像秦始皇便自稱「祖龍」。
而鳳美麗的形象與喜好打扮的女性接近，便用來形容皇帝寵妃。

漢朝以後，在龍鳳出現的畫面中，龍的位置在上方，居左，代表陽與雄性；
鳳的位置在下方，居右，代表陰和雌性。自此龍鳳陰陽定性。

「鳳為雄，凰為雌」的說法如今依然流傳。為了避免自相矛盾，
鳳現在有兩種性別——跟龍在一起的時候是雌性，跟凰一起的時候是雄性。

更多冷知識

①鳳凰是人們心目中的瑞鳥，天下太平的象徵。古人認為時逢太平盛世，便有鳳凰飛來。

②鳳凰身上有五種顏色，同時也代表仁、義、禮、智、信五德。

52.「萬事通」上古神獸——白澤

白澤是中華神話傳說中的瑞獸，
獅身，頭上有角，山羊鬍子。

瑞獸白澤

傳聞祂知道天下所有鬼怪的名字、形貌和對應的驅除法術，
於是被當成能驅鬼的神獸受人供奉，象徵祥瑞，可使人逢凶化吉。

真是的

人們對白澤的崇拜與尊敬越來越深。

在中古時期，《白澤圖》這本書非常流行，到了幾乎人手一本的程度。

書中記錄了各種神怪的名字、樣貌以及驅除的方法，還配上了相應的插圖，可以說是一本妖怪圖鑑。人們一旦遇到「怪物」便會翻開《白澤圖》查找。

更多冷知識

①古時候人們還會將畫有白澤的圖畫掛在牆上或是貼在大門上，以驅邪避凶。

②日本江戶時代的畫匠鳥山石燕所繪製的妖怪畫卷《百鬼夜行》，創作靈感正是來自《白澤圖》。

53. 古代青銅器是怎麼分類的？

青銅器的青銅是紅銅與其他化學元素錫、鉛等的合金，其銅鏽呈青綠色。
古代的青銅器按照用途可分為以下六類：

食器

酒器

水器

樂器

兵器

禮器

中國最早的青銅器生產距今約 5000 年，到漢代逐漸被鐵器取代，
青銅時代跨越了約三千年的歷史長河。

更多冷知識

①青銅是金屬冶鑄史
上最早的合金。

② 1939 年出土於河南安陽殷墟的一座商代古墓中的商後母戊鼎，是已發
現的古代單體青銅禮器中最重的，通體高 133 公分、口長 112 公分、口寬
79.2 公分，重達 832.84 公斤。據研究人員推測，這件青銅器製作至少需要
1000 公斤以上的原料，並且需要大約 300 名工匠的密切配合才能完成。

54.「唐三彩」只有三種顏色嗎？

唐三彩是唐朝時期盛行的一種低溫釉陶器，全名唐代三彩釉陶器，
距今已有 1000 多年的歷史。
其釉彩以黃、綠、白這三種顏色為主，所以人們習慣稱為「唐三彩」。

「唐三彩」只有三種顏色嗎？當然不是。

唐三彩的顏色很豐富！

雖然是以黃、綠、白為主要顏色，但是還有褐、藍、黑等顏色，
這些顏色混合交錯後，便形成了絢麗多彩的藝術效果。

「三彩」其實是「多彩」的意思，並不是真的只有三種顏色。

更多冷知識

①唐三彩的種類很多，主要分為人物、動物和
器物三種。唐三彩很少用做日用品和陳設品，
大部分用做隨葬品。

②唐三彩還影響到朝鮮新羅和日本奈良時代的
陶器。朝鮮新羅參照唐三彩技術發展成新羅三
彩，日本奈良時代則有奈良三彩。

55.「蛛絲馬跡」中的「馬」是什麼馬？

「蛛絲馬跡」這個成語是比喻事情所留下的隱約可尋的痕跡和線索。

那麼「蛛絲馬跡」中的「蛛絲」和「馬跡」指的是什麼呢？

「蛛絲」自然指的是蜘蛛吐的絲。

「馬跡」指的是馬走過的痕跡嗎？但是馬這麼大，
留下的痕跡怎麼能跟蜘蛛絲相提並論呢？

其實這裡的「馬」指的是灶馬蟲。
長得有點像蟋蟀，喜歡穴居於農村鄉下的廚房老灶，
灶馬爬過的地方會留下一條條不明顯的痕跡。

因此「馬跡」指的就是「灶馬爬行的痕跡」。

更多冷知識

①灶馬因跳躍動作像芭蕾，被譽為「昆蟲界的舞蹈家」。

②灶馬是雜食性鳴蟲，可以餵食飯粒、米粥、梨、蘋果、絲瓜、菱肉和各種菜葉。

56.「無腸公子」指的是哪種動物？

「無腸公子」指的是螃蟹。

螃蟹這個別稱，
最早見於晉代人士葛洪所著的《抱朴子》：「稱無腸公子者，蟹也。」

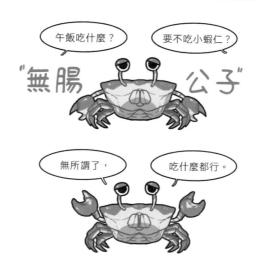

唐代馮贄所編的《雲仙雜記》也有記載：「蟹曰無腸公子。」

「以其橫行,則曰螃蟹;以其行聲,則曰郭索;
以其外骨,則曰介士;以其內空,則曰無腸。」
所以螃蟹便有了「橫行介士」和「無腸公子」的稱號。

螃蟹總是舉著兩支「大刀」,恰似將軍拿著武器,由此也得雅號「橫行將軍」。
古人覺得秋天吃螃蟹時賞菊非常雅致,於是螃蟹也叫「菊下郎君」。

更多冷知識

① 「無腸公子」裡的「無腸」意思是沒有心腸或沒有心思。

② 「藥店飛龍」比喻人瘦骨嶙峋,如同中藥店裡的龍骨那樣。這裡的「飛龍」即指中藥龍骨。

57.「金翼使」和「玉腰奴」
分別指哪種動物？

「金翼使」是蜜蜂的別名。

而「玉腰奴」則是蝴蝶的雅稱。

　　這兩個名稱都是出自宋代陶谷的《清異錄 • 花賊》：
「溫庭筠嘗得一句云：『蜜官金翼使』，遍于知識，無人可屬。
久之，自聯其下曰：『花賊玉腰奴』，予以謂道礐蝶。

注：礐蝶即蜂蝶。

依照《清異錄 • 花賊》中的描述，

蜜蜂像官家的使者，搧動金色的翅膀，
大大方方地為釀蜜而採花，於是也有「蜜官」的稱號。

而蝴蝶卻像賊一樣，擺動著銀白的腰身，
在花蕊上到處亂竄，故也被稱為「花賊」。

更多冷知識

①「玄鳥」是燕子的別名，「子規」是杜鵑的別名，「胎仙」則是鶴的別名。

②老虎也有一個有意思的別稱叫「山君」，而貓在古代有「銜蟬」的別稱。

58. 和尚爲什麼會在頭頂點「圓點」？

和尚頭頂的圓點稱為戒疤，
燒戒疤是漢傳佛教僧人受戒時舉行的一種儀式。

對於不同資歷和身份的和尚，他們頭頂上的戒疤數量是不一樣的，
而且戒疤並不容易獲得。

剛進入寺院的和尚或是資歷較淺的和尚，他們的頭頂上不會有戒疤。
如果他們在一段時間內修行表現優秀，達到了寺院的要求，
就會迎來第一顆名為「清心」的戒疤。

所以一個和尚頭頂戒疤的數量多，
表示他在寺院的地位和資歷比較高。

但是最多只能有 12 顆戒疤。

近年有愈來愈多的人提議廢止頭頂燒戒疤，
是主張這並非佛教原有的儀式，且燒戒疤也有損身體健康。

59. 方丈、住持和長老有什麼區別呢？

佛門大師常見稱呼有三種，住持、方丈和長老。
常常有人搞不清楚混用，但其實在身份和職能上都是不同的。

每一家寺院裡都需要一個擔任管理者、負責人角色的僧人，這就叫住持。
住持管理寺院的各種活動，財務開支等。每家寺院只能有一個住持。

方丈是寺院裡德高望重的和尚，擔任精神領袖的角色。
方丈有開壇傳戒、普度弟子的職責。
也必須要有足夠的資歷和修為。

不管寺院規模大小，都必須有一個住持打理，
但不是每一家寺院都有方丈，必須是中上規模的寺院群才能有方丈。

而長老則是退休後的住持和方丈。
只要這個僧人還擔任住持或方丈，就不能稱他為長老。

更多冷知識

①方丈原本是指住持居住的地方，因為印度的僧人住的臥室為一丈四方之室。

②方丈不一定是住持，住持也不一定是方丈，但是一般寺院中，有可能是同一個僧人擔任這兩個角色。

60. 日本的「正倉開運貓」是什麼？

日本的招財貓非常有名，後來演變成幾種代表好運的貓形象，包括正倉開運貓。
但嚴格來說，正倉開運貓才是日本招財貓最開始的形象。

正倉開運貓的起源有種說法如下：
日本奈良時代，唐朝高僧鑒真接受日本使團的邀請遠渡東瀛，去日本教授佛學。
為了防止名貴的佛經受船上老鼠的破壞，隨船帶了一批「唐貓」。

「唐貓」跟著佛學經卷一起到達日本東大寺的正倉院，
從此住下，每日接受佛法的熏陶。

日本人相信住在正倉院守護佛經的「唐貓」是靈貓，
擁有守護的能力。

不僅如此，日本人相信「唐貓」的能力包括開運、招運、轉運和守運，
這就是正倉開運貓的由來。

正倉開運貓開始進入各個寺廟，逐漸傳播開來，
也擁有了多種不同的靈化形象。

更多冷知識

①如果一隻招財貓舉手的位置靠近臉部，意思
是可以招來近處的幸福；若是舉手的位置超過
頭部，則意味可以召喚遠處的幸福。

②正倉開運貓也衍生出幾種不同的形態，組成
「靈貓天團」，分別是主開運的「阿福」，守住好
運的「大胖」負責，招運的「小豪」和負責轉
運的「淺草」。

61. 招財貓應該舉起左手還是右手？

小小的招財貓有許多有意思的地方。

我們見到的招財貓一般會舉起左手或者右手；
也有舉起雙爪的，不過比較少見。

招財貓舉起左手或右手各表達了不同的含義。
傳統的招財貓有公貓、母貓之分。

母貓舉左手，象徵廣結善緣；
公貓舉右手，象徵招財進寶。

通常商家會在店內擺放舉起左手的母貓，意為招客；
家庭則會擺放舉起右手的公貓，意為招財。

招財貓舉起雙手代表著招福又招財。

更多冷知識

①據傳每隻招財貓招來的好運的「使用期限」
只有兩年，過期了就要買新的招財貓。不過此
說被認為是商人的經營策略，看來招財貓本身
就是商機無限的搖錢貓。

②招財貓身邊的物件也各有含義，寶船象徵財
富，富士山象徵富貴、名利雙收，鈴鐺象徵開
運和緣分，櫻花象徵愛情、事業順利。

62. 哭泣時間太長對身體有害？

有研究發現，人在不同情況流下的淚水，裡面的成分不一樣。

像情感性淚水比反射性淚水含有更多的蛋白質，
並且情感性淚水含有一種類似止痛劑的化學物質。

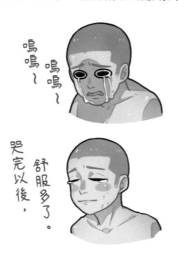

嗚嗚～ 嗚嗚～

哭完以後， 舒服多了。

人類可以透過哭泣釋放情緒，減輕心理壓力。
適當地哭泣能幫你緩解壓力，也有助於身心健康。

不過，哭泣不宜超過 15 分鐘。

10分鐘後。

哭泣不可以超過15分鐘哦！

哭的時間太久會對身體有害。

哭太久了，

哭得胃痛了……

因為人的胃腸機能對情緒很敏感，
悲傷哭泣時間過長會引起胃腸蠕動減緩、胃液分泌減少、酸度下降，
從而影響食慾，甚至引起各種胃部疾病。

更多冷知識

①想哭卻硬憋著不哭同樣不利於身體健康，可
能引起潰瘍病、高血壓和精神障礙。

②據統計，男性流淚的頻率是女性的 1/5，因而
男性患潰瘍病比女性多；也有研究發現，女性
眼淚中催乳激素高於男性，這種激素差異很可
能是女性比男性容易流眼淚的原因之一。

63. 自言自語對身體也有好處？

人類有傾訴的慾望，尤其是有煩惱的時候。

心理學家研究指出，跟朋友傾訴煩惱、倒苦水，
可以舒緩壓力，改善自己的健康狀況，如失眠、焦慮、頭痛、食慾不振等。

但是朋友不一定剛好有時間聆聽，怎麼辦？
跟自己「對話」，自言自語，也能達到同樣的效果。

自言自語不僅能緩解情緒壓力，
也能夠釐清頭緒，幫助自己理智地看待挫折。

還可以找一個物品充當自己的「傾訴對象」。

除了自我安慰、自我開解的自言自語，感到緊張與害怕的時候，
也可以自己給自己鼓勵、加油。

更多冷知識

①有很多研究指出，自言自語是兒童成長發育的重要組成部分。2008 年的一項研究發現，對 5 歲的兒童來說，大聲自言自語的孩子在運動技能方面的表現比默不作聲的孩子好。

②還有研究發現，當我們用第二、三人稱來描述自己的情緒和想法時，會表現得更加鎮靜和自信。

64. 21 天培養新習慣

行為心理學研究表明，新習慣的形成及鞏固至少需要 21 天的時間，
稱為「21 天效應」或「21 天法則」。

在這 21 天內，人會經歷三個主要階段。

第一階段：刻意提醒

1 至 7 天是第一階段，我們會感到刻意和不自然，
因為改變本身的壞習慣和理念不容易，我們需要時刻自我提醒和控制。

8 至 14 天是第二階段，我們依然會感到刻意，同時因為開始適應而感到自然。
雖然已經逐漸適應改變舊習慣和形成新習慣所帶來的不適感，
但還需要時刻提醒自己堅持。

第二階段：逐漸適應

15 至 21 天是第三階段，我們不會再有刻意而為的感覺。
這個階段屬於新習慣形成的穩定期。
我們已經適應新習慣，並且能自然而然地去做。

第三階段：自然而然

不是所有的行為習慣都適用「21 天法則」來養成，
但是堅持和循序漸進始終是成功培養新習慣的主要方法。

更多冷知識

①把大目標合理拆分成幾個小目標對實現目標非常有幫助。因為能把難度降低，更容易實現，並且實現小目標後，人能夠強化自信心，更有動力前行去實現下一個小目標，最終實現大目標。

②持之以恆是對抗三分鐘熱度最有效的辦法。21 天法則並不適用於所有行為，因為有些改變需要花更多時間去保持。

65. 為什麼可愛會引發破壞慾？

人類很奇怪，有時候看到可愛的東西會有想要「破壞」它的衝動。

比如我們看到可愛的寵物，想捏它們，甚至想要咬上一口。
這種心理是典型的「可愛侵略性」行為。

可愛的事物不僅會讓我們產生喜愛的情緒，
還會引發傷害它的慾望，儘管大部分的時候我們並不會真的傷害它。

如此「分裂」的心理其實是大腦的平衡機制在發揮作用。
因為當看到可愛的東西時，會激發出我們大量的正向情緒，
此時大腦會產生負向情緒進行抵消，以此達到情緒平衡。

為了防止單一的極端情緒過於強烈，大腦會觸動相反的情緒來達到平衡，
比如喜極而泣，或者極度絕望時也會歇斯底裡地大笑。

更多冷知識

①心理學家認為「可愛侵略性」不是由負面心理產生的，所以不會演化成真正的暴力行為。

②我們看到可愛的事物後的反應是由中腦邊緣系統調控的，它能釋放多巴胺，讓我們感到快樂。

其他動物的雅稱

貓還有哪些名字？

▼

最早在古漢語中，貓被稱為
「狸」，後來才逐漸變為「貓」。

狸　　貓

古人對貓還有許多稱呼，比
如：

烏圓

銜蟬

寶狸

雪姑

玉面狸

咯咯，咯。

照花色來分，還有四時好
（無雜色）、踏雪尋梅（四足
全白的黑貓）…等雅號。

如果綿羊一直不剪毛

綿羊的毛通常會不停地生長，越長越長，越長越多。

若長期不幫羊剪毛，毛髮裡會滋生各種細菌，導致羊生病。

好臭哦。

如果毛太長太重，綿羊的行動也會變得困難。

眼前好黑哦。

曾經有一隻因為害怕剪毛而逃避了六年的綿羊。

當人們發現它的時候，牠已經長成一個巨大的"毛球"。

#小劇場06

長了一張黑臉的可愛綿羊

瓦萊黑鼻羊是原產自瑞士瓦萊地區的家養山羊品種。

牠的臉部、耳朵、雙膝和四肢都是黑色，而皮毛為白色，質感蓬鬆。

雖然牠們看起來很可愛，

不過瓦萊地區的人培育瓦萊黑鼻羊主要是為了食肉和收集羊毛……

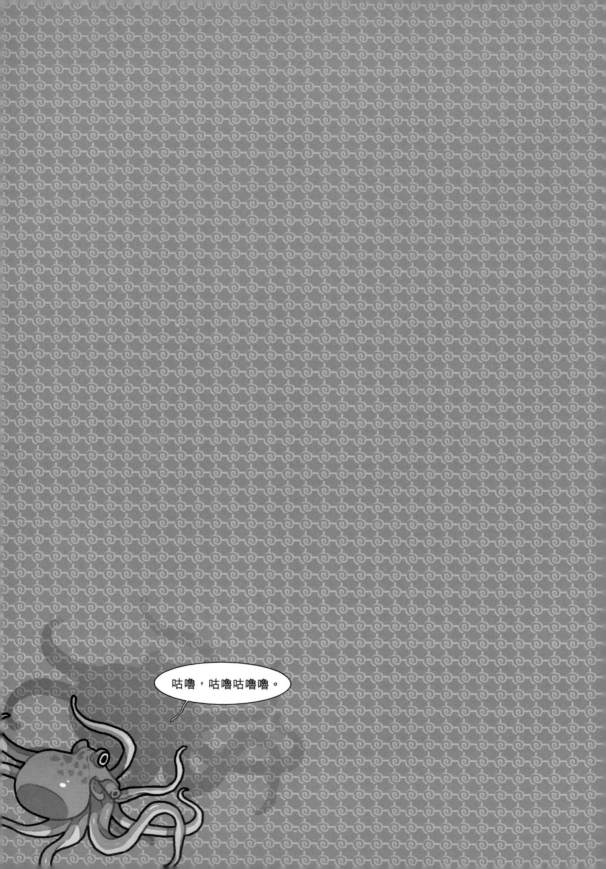

奇思妙想

▼

66.人只喝牛奶能不能健康地活下去？

牛奶營養豐富，如果人類每天只喝牛奶的話，
能夠健康地活下去嗎？

答案是不能。
牛奶雖然營養成分高，但如果長期只喝牛奶會導致貧血。

牛奶？

兔子！

因為牛奶中鐵的含量很低，人體也難以吸收到牛奶那少量的鐵，
所以長期只喝牛奶的人會得到缺鐵性貧血，對人體傷害很大。

雖然牛奶中含有許多的營養成分，
如蛋白質、碳水化合物、維生素、鈣等。

但僅有這些還是不夠的，
還是要搭配其他食物一起食用才能維持健康。

人體必須攝取不同的食物才能獲得必要的營養素，
沒有任何一種天然食物能滿足人的全部營養需求。

更多冷知識

①有的人由於乳糖不耐症而不能喝牛奶，每次喝牛奶後都會出現腹痛、拉肚子等不適的症狀。

②有的人在小時候能喝牛奶，沒有出現不良反應，長大後喝牛奶卻會出現不適症狀，這是體內的「乳糖酵素」逐漸減少的緣故。

67. 常吃橘子可以改變膚色？

如果吃了過量的橘子，皮膚可是會變黃的！

尤其是臉頰、額頭、手背等部位的皮膚會呈現黃色，通常稱為「橘黃病」。

"橘黃病"

柑橘類水果富含胡蘿蔔素，過量食用會導致大量胡蘿蔔素進入血液，
肝臟在短期內不能將其轉化為維生素 A 貯存，以致血液中胡蘿蔔素濃度過高，
在皮膚淺層組織中沉積，因而出現皮膚變黃的現象。

「橘黃病」對人體無害。
只要暫時停止吃富含胡蘿蔔素的食物，症狀在一週內便能減輕，
一個月後皮膚的黃色徹底消褪，無需藥物治療。

讓人類 "變黃" 計畫

富含胡蘿蔔素的食物還有胡蘿蔔、南瓜、木瓜等。

更多冷知識

①如果食用過多的橘子或攝入過量的維生素C，人體內代謝的草酸會增多，易引起尿結石、腎結石。

②蘋果是一種高纖維、低熱量的水果，西方人認為「一天一蘋果，醫生遠離我」。不過蘋果確實一天吃一個就足夠了。

68. 雙胞胎之間真的存在心靈感應嗎？

雙胞胎之間存在著心靈感應現象，
醫學界普遍都接受上述的觀點。

有個案指出，同性雙胞胎之間更容易出現心靈感應，
而心靈感應的案例中又以同性雙胞胎中的同卵雙生雙胞胎占絕大多數。

[感應彼此的情緒]

雙胞胎的心靈感應現象可能與他們共有的遺傳性、
相同的生理基礎密切相關。

有研究人員認為，雙胞胎之間的心靈感應現象
是由於他們的生物電釋放和接受非常一致：

[生物電傳送/接受]

當一方的生物電釋放器啟動且放電的功率夠大，
另一方可能會接收到並表現出相應的生物電，
結果形成了同卵雙胞胎的思想和行為在相同時間內的相互感應。

雖然一直有許多雙胞胎「心靈感應」的案例，
但直到現在還沒有能證明心靈感應真的存在的科學結論。

更多冷知識

①雖然同卵雙胞胎擁有完全相同的基因，但是他們的指紋不是完全相同的。

②同卵雙胞胎同時生病的情況十分常見。原因可能是，同卵雙胞胎的生理週期 (包括智力週期、體力週期、情緒週期) 較為一致。在遇到氣候變化或其他環境因素改變時，他們的身體會做出相同的反應。歷史上甚至有雙胞胎在睡夢中因心臟病同時發作而死亡的記錄。

69.動物共同的祖先可能是一種蠕蟲

科學家用雷射掃描一塊在澳大利亞發現的約 5.55 億年前的洞穴化石後，認為一種微小的蠕蟲狀生物可能是包括人類在內的所有動物的共同祖先。

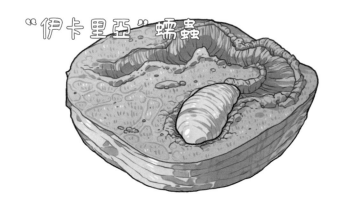

這種「蠕蟲」被命名為伊卡里亞。

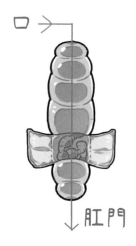

根據這種生物以有機物為食的生物體的跡象，加上洞穴中沉積物移動的顯示，伊卡里亞可能擁有口、肛門和腸道。
其前後、兩側對稱，兩端開口由腸道連接。

兩側對稱性發育是動物生命進化中的關鍵，
從蠕蟲到昆蟲、從動物到人類，許多生物的身體都有這種兩側對稱性，
這是一種常見而成功的身體組織方式。

我是從昆蟲演化來的。

雖然不太想承認……

這個發現與進化生物學家們以前的預測基本吻合。
伊卡里亞是目前已經發現的最早的雙側對稱性生物，
牠很可能就是動物們最古老的共同祖先。

更多冷知識

①最後共同祖先——演化生物學推導出來的假設，指地球生物最原始的共同祖先，是地球上所有生命的共同起源。學者相信，最後共同祖先在古太古代出現，距今約 35 億至 38 億年。最後共同祖先分化出細菌與古菌，演化成各種生命。

②科學家認為，人類等哺乳動物的祖先與果蠅等昆蟲的祖先是在 6 億年前實現分化的。但雙方的共同祖先究竟是什麼至今還未發現證據。

70. 貓科動物和犬科動物 也有共同祖先？

貓科和犬科起初也是同出一脈，牠們有共同的祖先。

古貓獸

古生物學家們在考古過程中，
發現了一種同時具備貓科特點和犬科特點的遠古動物，
這種動物就是——古貓獸。

根據化石年代推測，古貓獸應該生活在五千萬年前。

注：五千萬年前，恐龍等大型爬行動物滅絕後，為哺乳動物的演化騰出了空間，
哺乳動物的種類和數量大量增加，體形也在向大型化演化。

古貓獸的體形比人類馴養的狗稍微小一些，
頭骨較小且修長，身體和尾巴都很長，四肢較短。

由於古貓獸體重比較輕並且身體靈活，爪子可以自由伸縮，
牠的爬樹能力可能比今天的貓科動物更出眾。

也許正因為牠的野外生存能力強，
古貓獸才可以在生存競爭激烈的環境中存活下來，
進而演化出現今的貓科和犬科動物。

更多冷知識

①古貓獸不完全是肉食動物。為了提高自己的生存機率，不論是葷的或素的，只要能吃的東西，古貓獸幾乎都吃。

②對比同時期的其他動物，古貓獸的腦更為發達。較大的腦容量意味著這種動物擁有比其他動物更聰明的大腦。

71. 人類是怎麼馴養「寵物」的?

早在石器時代,人類就開始「馴養」各種動物,
這些可以說是人類最早的「寵物」。

石器時代

在石器時代,人類以狩獵為生,但不可能總有充足的肉類。
要是人類捕獲了許多動物,不能夠一下吃完,
就會把剩下的獵物用障礙物圍起來圈養,這就是人類最初馴養動物的由來。

農耕時代

到了農耕時代,人類學會了根據每種動物的特性,
讓不同的動物承擔不同的工作。
例如馬跑得快,能運輸;牛力氣大,能犁田。

學會馴養動物後，人類擁有充足的食物，就不需要再花費大量時間捕獵了，
於是有了充裕的時間進行社交，改進工具，發展文明。

只需要養一窩雞，

就可以天天吃雞蛋。

咯。

寵物的出現是一個複雜的過程，也跟人類的心理情感有關。
在人與動物頻繁的接觸中，人類也開始對一些動物產生了感情，
人與所馴養的動物的關係從最初單純的利用慢慢變得親密。

你是我的朋友！

有時候也是……

應急食材。

如今，寵物在許多人眼中已經不是動物，
而是陪伴自己的好朋友甚至是家人一般的存在。

更多冷知識

①狗與綿羊是人類最早馴養的動物。

②人類不僅馴養動物，人類還馴化植物，而且
至少在 1.2 萬年前就開始了，例如穀物和葫蘆。

72. 動物也會有矛盾的雙重行為嗎？

當動物同時受到兩種相反的強烈刺激時，
會有什麼樣的表現和行為？

理論上說，如果這兩種刺激的強度相當，動物應該會保持原地不動。
但實際上，動物仍然會有所行動。

刺激往往有強弱和大小的差別，
動物通常會首先對較強、較大的刺激做出反應。

以家貓為例，當人類同時提供恐嚇和食物這兩種刺激，
家貓便會產生矛盾心態，見到恐嚇想後退，看著食物又想前進。
這時候，對家貓增加恐嚇，牠會傾向撤退。
停止恐嚇後，家貓又開始打食物的主意，再次前進。

這樣前進、後退反覆的矛盾動作，我們稱為「雙重行為」。
這種行為在很多動物身上都會出現。

更多冷知識

①大象會用自己的鼻子摩擦另一頭大象的鼻子來打招呼。小象如果想引起母親的注意，會將鼻子朝上豎起來。

②黑猩猩們在表示友好的時候，會相互觸摸對方的手掌。科學家發現，黑猩猩用於溝通交流的手勢至少有 66 種。

73. 動物的性別轉換現象

一些低等動物為了成功繁衍後代，可以自行改變自己的性別，
這就是生物學上所稱的性別轉換現象。

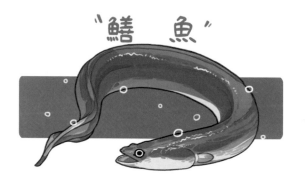

"鱔　魚"

性別轉換在脊椎動物中很少見，較常見於魚類，
其中最典型的就是雌雄同體的鱔魚了。

鱔魚從胚胎期到初次性成熟時都是雌性，能產卵，
可是產卵一次以後，牠就會轉變成雄性，從此再也不會產卵。

小丑魚與海葵的共生關係，讓牠們又稱為海葵魚，
常常是由一條大的雌魚，一些個體較小的雄魚和一些未成年的魚組成群體。

" 小丑魚一家 "

如果雌魚死了，魚群中最大的一條雄魚能在 60 天內變成雌魚，
並且產卵，做這個魚群新的「魚媽媽」。

大哥，媽媽不在了。　　大哥，該怎麼辦？

"变　身"

以後，　　我就是媽媽了。

動物的性別轉換現象是為了讓群體維持最基本的功能，
同時也能發揮遺傳種群基因的作用。

更多冷知識

①值得注意的是，不同的魚，牠們的轉換方式是不一樣的，例如鱔魚是從雌性轉為雄性，但小丑魚是從雄性轉為雌性。

②鳥類也有類似性別轉換現象，例如母雞報曉。

74. 雪兔能改變自身的毛色?

在龐大的兔家族裡,雪兔可算是長老了。
據科學家考證,早在冰河時期,雪兔就廣泛分布於歐洲各地。

後來隨著冰河消退,牠們的生活範圍縮減,
現在生活在寒溫帶或亞寒帶針葉林區,
是寒帶和亞寒帶森林的代表性動物之一。

與家兔相比,雪兔的耳朵比較短。
雪兔常年生活在氣候寒冷的地方,
耳朵太大容易讓體內散熱過快。

為了能利用環境掩護，
雪兔的毛色在冬天會變成白色。

等到了春天，雪兔白色的絨毛就會褪去，
取而代之的是一身淡栗褐色的針毛。

因此，雪兔還有個別稱叫「變色兔」。
雪兔改變自身毛色的能力其實也是生存技能，
隨著季節改變毛色能讓牠與周遭的環境色融為一體，不易被天敵發現。

更多冷知識

①雪兔不會沿著自己的足跡活動，總是迂迴繞道回窩。接近窩邊時，它會先繞著圈子走，觀察四周，然後才慢慢地倒退進窩。

②雪兔的眼睛很大，長在頭的兩側，視野範圍開闊。只是眼睛間的距離太大，要靠左右移動頭部才能看清物體，所以在快速奔跑時，往往因為來不及轉動頭部，常常撞樹。

75. 在牛的屁股上畫眼睛就可以保護牠？

在牛的屁股上畫一雙眼睛，
能防止牛被野獸偷襲、攻擊。

為什麼在牛屁股上畫類似眼睛的東西會有這種效果呢？
以貓頭鷹蝶為例，牠的翅膀上也有類似於貓頭鷹雙眼的紋理。

"貓頭鷹蝶"

這雙眼睛，　　　好可怕！

這樣的翅膀紋理能讓那些想吃蝴蝶的動物，比如癩蛤蟆，
誤以為有一隻大眼睛的動物在瞪著牠，
因此感到害怕而不敢攻擊眼前的獵物。

像獅子、獵豹，以及其他捕食者，一般都是靠伏擊來捕獵的，
牠們在捕獵之前會先把自己藏起來。
依靠出其不意的攻擊提高成功率，但如果發現獵物已經看見自己了，
就很有可能放棄這次捕獵。

在牛屁股上畫眼睛，讓捕食者以為自己已經被發現了，
進而阻止捕食者進一步的攻擊，這種方式被稱為「追蹤威懾」。

76. 動物的「糞便」還可以製成咖啡?

我們會用糞便形容一些沒有價值的東西,
但一些動物的「便便」卻是價值千金,
例如貓屎咖啡就是全世界最貴的咖啡之一。

貓屎咖啡又稱麝香貓咖啡,產於印尼。

貓屎咖啡

咖啡果

咖啡豆

麝香貓吃完咖啡果實後排出糞便,
人們從牠的糞便中把經過體內發酵的咖啡豆揀選出來,
再進行加工製作,成了貓屎咖啡。

章魚在遭到敵人的攻擊時，一樣能噴出墨汁。
同樣的，章魚的墨汁也能用來寫字，
經過一段時間的氧化後，字也會逐漸消失。

如何區分
章魚、烏賊和魷魚？

章魚：球形「腦袋」，八條「腿」，能噴墨。

烏賊：袋形「腦袋」，十條「腿」，能噴墨。

魷魚：錐形「腦袋」，十條「腿」，不能噴墨。

章魚和烏賊的墨汁都含有毒素，可以用來麻痺敵人。

更多冷知識

①在古代，一些騙子會向別人借錢、借糧，然後留下用烏賊墨汁寫下的字據。債主最後因為沒有可靠的字據證明，而被騙子賴帳。

②累積一囊墨汁需要相當長的時間，所以烏賊不到萬分危急是不肯輕易施放墨汁的。

78. 魚會口渴嗎?

魚也會口渴的。不過淡水魚和海水魚,
這兩者在主動飲水方面有不同的行為表現。

因為淡水魚血液的鹽濃度高於牠們周圍的水,
牠們喝水會有稀釋血液的風險,
所以為了維持身體內鹽分水分的平衡,淡水魚不會主動飲水。

淡水魚

淡水魚喝水的方法是利用滲透作用,通過皮膚和魚鰓吸收水分,
然後排出稀釋的混合物,去除體內過量的水。

而海水魚血液的鹽濃度低於海水，因此牠們一直有脫水的危險，
所以需要不斷主動地喝水。

海水魚

主動喝水

排出鹽分

由於魚腮的獨特結構，讓牠們可以喝入鹽水，
經處理吸收之後再排出體內多餘的鹽分。

為什麼我要喝水？

不像陸地的哺乳動物為了保持體內水分而不斷喝水，
魚類本來就生活在水中，牠們雖然會口渴，但不會有強烈的喝水衝動。

更多冷知識

①不僅人類，所有生活在陸地上的動物都有「口渴」的本能。

②對魚來說，口渴喝水是一種條件反射，不需要有意識地去決定。

79. 聽音樂可以使乳牛產出更多的奶嗎？

我們都知道「對牛彈琴」是貶義，
但科學家研究證明對牛彈琴有用！

為乳牛播放合適的音樂能使牠們產出更多牛奶。

泌乳是一個複雜的生理過程，是由神經系統控制，
因此刺激嗅覺、視覺、聽覺、觸覺等都會影響泌乳量。
播放和諧悅耳的音樂給乳牛聽，幫助增強乳牛大腦皮層的興奮過程，
加強乳牛的泌乳反射，可以提高產乳量。

一些養雞場也曾做過類似的試驗。
每天為雞群播放柔和的音樂，
每隻雞的月產蛋量，從 20 顆蛋增加到 25 顆蛋。

火力全開

再也不要說動物聽不懂音樂啦。

更多冷知識

①嘗試過給乳牛播放各種不同風格的音樂後發現，搖滾樂會使牛奶產量大大減少；輕柔的音樂能使牛奶產量大大增加。

②合適的音樂對植物也能發揮作用，能促進植物快速生長。不過，植物聽音樂很挑剔，如果節奏聲波過強會損害植物的細胞，噪音越大傷害力越強。

80. 科學家如何爲已滅絕的恐龍「稱重」？

研究動物的體形和體重能有助於推測牠們的飲食、繁殖和運動等習性。
對於滅絕已久的恐龍，科學家也是靠這些訊息來進行推測研究。
那麼科學家又是用什麼方法測量恐龍的體重呢？

霸王龍

多年來研究人員嘗試了許多種估算體重的方法，
最常用的方法是以下二種。

骨骼比例法

一種是骨骼比例法，先測量活體動物的骨骼尺寸，
比如肱骨和股骨骨骼的周長，
然後與恐龍對應的骨骼參數進行比較，推算出恐龍的體重。

3D重建法

另一種是 3D 重建法，
以電腦 3D 技術重建恐龍生前的樣子，再透過化石數據庫進行大數據分析，
來求得最精準的體重範圍。

劍齒虎骨化石

兩種方法得到的數據大多數時候是一致的，只有少數情況下有比較大的差異。
綜合運用這些方法，才能準確還原恐龍以及其他滅絕動物們過去的樣貌。

更多冷知識

①人類是在 1841 年第一次發現恐龍。當時一名英國科學家在研究遠古蜥蜴化石的時候，發現其中一些骨骼化石不屬於蜥蜴，於是判斷這或許是一種未知的史前生物。

②考慮個體差異，霸王龍的體重範圍應該在 5-10 噸之間。

81. 水究竟是什麼顏色？

忽略任何光照折射等外在因素，水本身是什麼顏色？
答案可不是無色、透明哦。

其實水是藍色的！
雖然顏色很淺，但是水確實是藍色的。

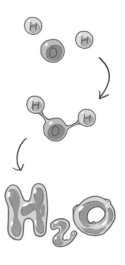

在生活中我們很難接觸到百分百純淨無雜質的水。
真正的純淨水是由氫原子和氧原子構成水分子，帶藍色調的。

水會呈現藍色在於水分子吸收了可見光譜中紅色波段的可見光。
即紅色、橙色、黃色和綠色波長的光被吸收了，
剩下的可見光幾乎由波長較短的藍色和紫色組成。

因此，最純淨的水便是淡淡的藍色。

更多冷知識

①海水呈藍色的主要原因是海水內的水分子、雜質和礦物質對太陽光中的藍波段的散射。

②海水也會吸收藍色光。越深的海水，吸收的藍光就越多，深度到一定的程度，藍光也會被全部吸收掉，所以深海呈黑色。

82. 想要少淋點雨,應該要走還是跑?

有位科學研究者在雨天做過這樣一個實驗——

兩個人距離同一個地點 100 公尺,
一個人撐著傘跑步到目的地,另一個人撐著傘步行到目的地,
看誰的雨傘上淋到的雨更少。

最終結果是,跑步前進確實要比步行淋到的雨少。

原因是跑步讓你在雨中停留的時間較短，
時間越短，淋到的雨自然越少。

只要我跑得夠快，

雨就淋不到我！

但上面這種情況只適合沒有風的時候，
如果在大風大雨的情況下還奔跑，
會有很多本來不會落到你身上的雨滴被你迎面撞上。

更多冷知識

①不同種類的鳥，對於降雨的耐受度是不一樣的。有些鳥不怎麼害怕雨水，比如鸕鷀、鵜鶘、蒼鷺等水鳥，雨下得大，反而更有利於牠們捕食昆蟲、小魚蝦等食物。

②喜鵲、烏鴉等鳥類通常不怕雨，因為牠們羽毛中的角質層較厚，具防雨功能。但當降雨量大時，牠們會回到自己的窩裡面。而小型鳥如麻雀、燕子、啄木鳥等，牠們會找樹洞、山體的縫隙或者岩洞避雨。

83. 如果地球上所有人一起大喊會怎樣?

如果全球 79 億人同時大喊,
巨大的聲音會不會震塌大樓,讓大海產生巨浪?

很遺憾,並不會發生你想像中的事。

說話約40分貝

大喊約80分貝

人的聲音分貝範圍通常是落在 10-90 分貝之間。
全世界所有人同時吶喊的聲量對人來說雖然很震撼,
但是對於地球而言就像是悄悄話。

如果地球上所有人一起大喊並持續數秒，
可能會造成部分人的耳朵暫時性失聰，嚴重則可能會有耳膜破裂的危險。

對大自然而言，動物們可能會被喊聲嚇得四處逃竄。

但是這種程度的喊聲依然不會造成山崩地裂，
更無法傳到外太空去。

更多冷知識

①如果全球 79 億人一起跳起來然後落地是不會
發生地震的。不過我們會聽到巨大的落地響聲。

②荷蘭格羅寧根大學用荷蘭語和英語進行的調
查發現，當談話中出現超過 4 秒的沉默，人會
開始感到不安；另一個關於商務會議的獨立研
究發現日本人能愉快地接受 8.2 秒的沉默。

84. 從地球走路到月球需要多久？

按照人類一般步行的速度，需要走多久才能到達月球呢？

假設一個人從出生開始，一天平均走 2 萬步，每年能走 700 萬步。

如果這個人活到 70 歲的話，他這一輩子大概能走 5 億步。

5 億步的長度大約是 38 萬 4000 公里，
這個數字，正好是地球到月球的距離。

去月球的第0.7年

今天開始爬過去。

去月球的第20年

今天的目標是，

2萬步。

去月球的第69年

我一定要，

走到月球去！

所以，如果你想從地球走路到月球，大概需要 70 年。

85. 如果蜜蜂從地球上消失，
人類也會滅絕？

蜜蜂的出現要比人類早得多。

現在的蜜蜂是從 1 億年前的早第三紀古新世時期的黃蜂演化來的，
在自然界中的主要功能作用是授粉。

風媒授粉

蟲媒授粉

小小的蜜蜂跟人類的關係密不可分。
我們吃的瓜果蔬菜，絕大部分都是開花植物，它們開花後需要授粉才能結果，
蜜蜂授粉可以增加農作物的產量，提高產品的品質。

假如蜜蜂消失，那麼蟲媒授粉界就會缺少了高效而精準的蜜蜂授粉，
剩下風媒這種效率比較低的方式，可以預見農作物會大幅減產，
人類會因為糧食危機而出現生存危機。

農作物開花結果需要蟲媒授粉。

但是……沒有蜜蜂了。

人工授粉是無法取代蜜蜂授粉的。據統計，如果沒有蜜蜂授粉，
自然界中約 4 萬種植物的繁育會遇到困難，甚至會面臨滅絕。

一個物種（包括人類）的生存與滅亡，取決於多方面的影響。
蜜蜂滅絕不會直接導致人類滅絕，
但是對於人類賴以生存的農作物以及生態系統的影響是無法估算的。

更多冷知識

①愛因斯坦沒有說過「如果蜜蜂從地球上消失，人類將只能再存活 4 年。沒有蜜蜂，沒有授粉，沒有植物，沒有動物，也就沒有人類」這句話。

②從 2006 年開始，在美國和歐洲出現了大量蜜蜂群體消失的現象。世界各地都發現了蜜蜂種群在急劇減少，全球已有近 100 萬群蜜蜂消失。

小劇場07

章魚噴出的墨汁能吃嗎？

章魚噴出的墨汁內含有微量毒素，能短暫麻痺想要攻擊牠的敵人。

雖然含有麻痺毒素，但章魚墨汁的主要成分是水和一些蛋白質，對人體是沒有危害的。

墨汁義大利麵

意大利就有一種墨汁義大利麵是廚師特別用章魚的墨汁染黑麵條製成。

小飛象章魚

小飛象章魚和其他章魚科動物同屬八腕目，但它並不是"章魚"，而是鬚蛸科的一種軟體動物。

小飛象章魚體長20公分左右，長有兩隻像大象那樣的"耳朵"和一個"長鼻子"。

鰭

漏斗

八足

雖然小飛象章魚不像其他章魚擁有噴墨的能力，但是它的身體可以——

呼——

呼——

發出亮光！

不同品種的天鵝

天鵝是冬候鳥，主要以水生植物為食，有三個不同的品種，分別是：

大天鵝

小天鵝

體形比大天鵝稍小，外觀看來與大天鵝極相似。

疣鼻天鵝

疣鼻天鵝體形與大天鵝相似，嘴赤紅，前額有黑色疣突，外貌明顯跟其他兩種天鵝不一樣。

區分這三種天鵝的方法是仔細觀察它們喙的顏色和形狀。

大天鵝　　小天鵝　　疣鼻天鵝

#小劇場08

天鵝其實可以飛很高？

大部分鳥類飛行高度是數百公尺，最多上千公尺。

天鵝的身體結構能讓牠的飛行高度最高達到 8800~9000 公尺，可以輕鬆飛躍珠穆朗瑪峰。

9144公尺

相關研究指出，大天鵝飛行高度的最高紀錄是 9144 公尺！

請把我寄給外星人。

宇宙星辰

▼

86. 人工智慧的「訓練員」

人工智慧需要人為訓練嗎？
要的，有專門負責訓練人工智慧的「訓練員」。

人工智慧訓練員

人工智慧訓練員是一種新職業，訓練員需要使用智慧訓練軟體，
在人工智慧產品實際使用過程中進行資料庫管理、演算法參數設定及其他輔助作業。

即使人工智慧本身已經具備模型演算法，
訓練員們仍然需要不斷梳理、分析、處理成千上萬條新語料，
讓人工智慧的「智商」跟上高密度、複雜的詢問情境。

人工智慧訓練員認為人工智慧就像小孩子，
要通過不斷訓練、調整、培養，「智商」才會越來越高。

請問——

有多少個方塊？

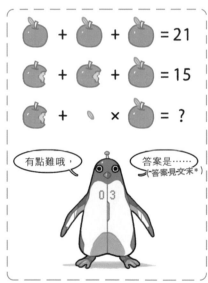

有點難哦，

答案是⋯⋯
(*答案見文末*)

人工智慧訓練員的出現，
反映了現今人工智慧科技的飛速發展，以及不斷增加的應用需求。

* 答案可以是 11 或 18

更多冷知識

①人機結合的智慧服務能夠為現代社會創造更高的效率和價值，也能推動服務行業不斷發展革新。

②在線客服機器人也需要人工智慧訓練員的調教，包括智慧自檢、智慧外呼等多種交互方式。人工智慧訓練師的「新戰場」正在不斷產生。

87. 第一個四足機器人上班了

一款名叫「Spot 機器狗」的四足機器人
成為挪威一家石油公司的正式全職員工，並獲得了工號。

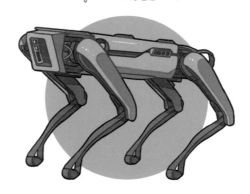

Spot機器狗

它將在石油開採船上「上班」，擔任安全巡檢的相關工作。

坐下。

舉起手。

Spot 機器狗重約 73 公斤，是由 Google 旗下的波士頓動力公司研製。
它行動靈活自如，甚至在被推倒後仍能自行調整恢復正常站立的姿態。

Spot 機器狗未來還能增加各種套件，
將應用場景延伸到各個領域。

新增娛樂套件

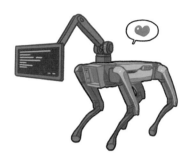

新增照護套件

新增運輸套件

例如互動娛樂、看護服務、安全救護、倉儲物流和包裹配送等。

更多冷知識

① Spot 機器狗的頭部安置了感測器，能夠幫助
它應對崎嶇的地形。同時，當它發現主人或另一
隻機器狗時，會自動跟隨主人或與機器狗組隊
行動。

② 波士頓動力公司還研發了一種叫阿特拉斯的
仿人機器人，它可以在崎嶇不平的地形上直立
行走。

88.為什麼將磷化氫作為
外星有生命跡象的證據？

如果在一顆星球上檢測到大量的磷化氫，
那麼這顆星球上就可能存在或曾經存在生命。

磷化氫
PH₃

為什麼只要發現了磷化氫就能推測這個星球上可能有生命跡象呢？

自燃後的磷化氫俗稱 "鬼火"

磷化氫是一種劇毒氣體，燃點很低，可以自燃，
有機物的還原和分解是產生磷化氫的主要途徑，
例如垃圾掩埋場、動物消化道或者厭氧微生物等。

換句話說，磷化氫在地球上是與生命活動有關的有毒氣體。
磷化氫是一種化學活性非常強的無機物小分子，
在地球富含氧氣的大氣環境中，很快會被氧化。所以生成磷化氫很難，
而且生成後很快就會消失，難以察覺。

如果能持續地檢測出大量磷化氫，
說明必定存在著某種使磷化氫源源不斷生成的途徑。

只要不是星球上的大氣存在某種人類不知道的自然現象，
比如某種光化學反應或者行星地質等級的化學反應，
那麼星球大氣中有持續的磷化氫則代表可能是來自於生物有機體。

更多冷知識

① 2020 年 9 月 14 日，《自然天文學》期刊發表了《金星雲層中的磷化氫氣體》的研究文章。文章描述了科學家透過望遠鏡發現金星雲層中含有磷化氫。

② 金星的大氣成分主要是惰性的二氧化碳和硫酸等酸性氣體，與地球相比，磷化氫生成之後在金星存在的時間會相對長一些。所以這次發現的意義未必是生命存在的確切證據，也可能是金星大氣中活躍的未知化學反應的證據。

89. 矽基生物是什麼？

人類是以碳元素為有機物基礎的生物，也就是碳基生物，
不僅人類，地球上已知存在的所有生物都是碳基生物，都以碳和水為基礎。

矽基生物

（結構複雜的硅基生物假想形象）

但是茫茫宇宙，是否可能有以其他元素為基礎的生命體？
「矽基生物」這個概念是在 19 世紀第一次被提出。
1891 年，波茨坦大學的天體物理學家儒略・申納爾在他的一篇文章中
探討了以矽為基礎的生命存在的可能性。

好可怕！

我討厭水啦。

根據矽的特性，矽基生物有可能像是結構精密的晶體，
耐冷、耐熱且喜歡高溫環境，不需要呼吸，甚至害怕水。

它們可能都長有觸鬚結構，觸鬚是它們獲取電力以及交流的「器官」。
因為矽元素的大部分化合物都可以導電，
所以矽基生物有可能利用生物電來交流，這是比較有效率的方式。

它們依靠大氣中的離子、元素化合物、電能來補充自身能量。
對碳基生物致命的有毒氣體或頻繁的閃電與風暴，
都是矽基生物賴以生存的營養素。

矽基生命必然呈現出跟碳基生命截然不同的外觀和機能。
如果它們真的存在，那麼宇宙中很多看似不會孕育碳基生命的星球
都有可能產生生命。

更多冷知識

①矽在元素週期表中位於碳的下方，與碳同主族，所以它和碳元素的許多基本性質相似。在宇宙中，矽的總量排在第八位，分布廣泛。

②隨著無機化學的發展，人們發現矽的表現不合乎人們對它成為生命基礎物質的期望。矽氧烷雖然穩定，其複雜性和多變性卻仍須依賴複雜的有機團，且其衍生物的熱穩定性及化學穩定性不足，因此，它們都難以形成生命，矽基生物也許只存在想像中。

90. 一張送給外星人的「唱片」

1977 年 9 月 5 日發射的「航海家 1 號」是人類歷史上第一個衝出太陽系，
飛向其他恆星的星際探測器。
最特別的是，它搭載了一張有意義的「唱片」。

在宇宙中流浪的 "航海家1號"

這是一張寄給外星人的唱片，作為人類送給外星人的第一份禮物。
唱片命名為《地球的呢喃》。

唱片的正面和背面

它是一張銅質鍍金唱片，直徑 30 公分，可播放 120 分鐘，
使用壽命是 10 億年，可能比人類文明存在的時間更長。

它儲存了這些內容：115 張地球事物的圖像數據；
自然的聲音，如海浪、風、閃電、鳥、鯨及其他動物發出的聲音；
歷史上不同時期誕生的經典音樂，包括貝多芬的《命運交響曲第一樂章》；
最後還有地球人使用 55 種不同語言說出的各種祝福語。

這是我們送給外星文明的禮物，

也是人類文明存在過的證據。

如果有一天，這張金色的唱片如願在宇宙播放出人類的古老旋律，
外星文明就能知道曾有地球文明的存在。

更多冷知識

①直到現在，航海家 1 號仍以每秒 17 公里的速度航行在宇宙中。科學家預計，在 2025 年之後，航海家 1 號就會徹底和地球失去聯繫，並成為漂浮在宇宙中的一般「流浪探測器」。

②唱片封套上有一塊高純度的鈾 238，捕獲該唱片的外星生命可據此推算出飛船的發射日期。

91. 太陽可能曾有「孿生兄弟」？

地球所在的太陽系，太陽是唯一的主角，絕大部分天體都圍繞著太陽運轉。
但是科學家猜測，太陽或許不是「獨生子」，
在它誕生的時候很可能還有一個「孿生兄弟」。

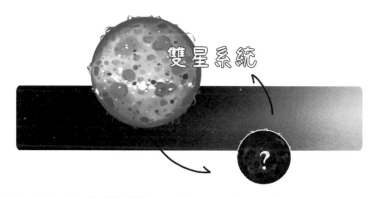

雙星系統

宇宙中大多數恆星都誕生於雙星系統，即由兩顆恆星組成的天體系統。
而且質量越大的恆星誕生於雙星系統的概率越高，
太陽很可能是從一個雙星系統中誕生的。

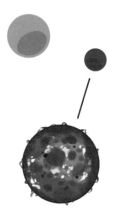

涅墨西斯星（復仇星）

科學家根據假設進行研究計算推測，
太陽或許曾擁有一個距離它 1500AU（1AU 約為 1.496 億公里）的紅矮星伴星，
它被命名為涅墨西斯星，又稱復仇星。

為什麼我們到現在都沒有觀察到復仇星呢？

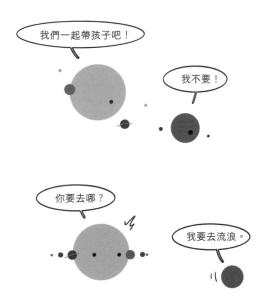

當雙星系統中兩個伴星相對距離越遠，其引力結合能力也就越弱，
在長期運行中，也越容易受到星系潮汐力以及其他大質量天體的擾動而導致分離。
所以，復仇星很可能在早期的某一刻就與太陽徹底分離了。

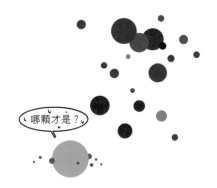

而今想要尋回太陽已經失散多年的「孿生兄弟」基本是不可能了，
因為它也許早已流浪到銀河系的某一個角落了。

更多冷知識

①一般來講，相對距離較遠的雙星系統對於它們周圍的宜居行星及其行星上的生命形成不會產生較大的影響。

②太陽與它「孿生兄弟」誕生之初相距的距離已經很遠了，假設在地球的人類抬頭還能看見它，頂多是和半圓月亮差不多大的星體。

92. 地球上的水究竟從何而來？

水是生命之源，海洋所占的面積達到了整個地球的 71%，
地球上的生物無一例外都需要水才能存活。

那麼，你有沒有想過，
地球上的水又是從何而來的呢？

有一種觀點認為地球上的水源來自地球的內部，
因為在地球還沒有形成之前，太陽系中就已經擁有大量的液態水。
地球是由原始的太陽星雲氣體和塵埃經過分餾、坍縮、凝聚而形成的，
水源便是在地球形成之初產生的。

另外一種觀點認為地球上的水源來自彗星。

因為太陽系當中的液態水與岩石以及塵埃慢慢融合成了彗星。

當大量彗星撞擊地球的時候，就為地球帶來了大量的水資源。

而且這些彗星不僅含有水，

或許還帶有形成原始生命所必需的元素。

但是這兩種說法都缺乏充足的證據。

更多冷知識

①既然太陽系中並不缺水，為何只有地球有液態水？液態水能否存在的關鍵在於星球表面的溫度。在地球上，由於溫度通常在 0℃ ~ 100℃之間，因此水才可能以液態形式存在。

②地球上的水絕大多數並不是以我們所熟知的冰、水、氣這三種形式存在的。水還有另外一種異乎尋常的存在形式——那就是封存在岩石中的水。水與岩石的融合並不像把雞蛋和在麵糊中一樣，而是水融進礦石的每個分子中。

93. 地球正在讓月球漸漸地生鏽？

有科學家研究發現，地球可能正在讓月球慢慢地生鏽。
首先我們來了解一下什麼是「生鏽」。

> 當鐵暴露於水和氧氣中時，鐵鏽就會產生，
> 也就是「生鏽」。
> 鐵鏽，也叫氧化鐵，是一種紅色的化合物。

乾燥又沒有大氣保護的月球，
沒有水也沒有氧氣，為什麼也會「生鏽」呢？

月球在慢慢變紅（生鏽）

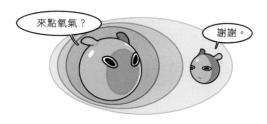

在月球的正面，科學家的確發現了很多赤鐵礦。
雖然月球上沒有大氣層可以提供足夠的氧氣與其發生氧化反應，
但有少量自地球大氣層來的氧氣。

除了在月球背面的隕石坑裡發現過水冰之外，月球上幾乎沒有水。
使月球生鏽的另一個條件——水，是從哪裡來的呢？

**高速塵埃粒子
撞擊月球**

**月球表層的水分
被撞擊後得到釋放**

月球的表層仍然留有水分子，
撞擊月球的高速塵埃粒子可以釋放困在月球表層中的水分子，
進而讓水與鐵混合產生化學反應。

所以，月球正悄悄地「生鏽」中。
在月球表面的演變過程中，地球也發揮了重要作用。

①這個研究發現仍然只處於假設階段。要了解
月球究竟為什麼會生鏽，科學家還需要更多的
數據進行研究。

②對火星來說，鐵鏽就太常見了。火星表面的
鐵結合氧氣和水之後慢慢生鏽，為火星抹上一
層紅暈。

94. 冥王星爲什麼被踢出太陽系的行星之列？

在太陽系中存在八顆非常顯眼的行星，
分別是水星、金星、地球、火星、木星、土星、海王星、天王星。

太陽與八大行星及冥王星

但之前，太陽可是擁有九顆行星，而第九顆行星就是冥王星。
在 2006 年，國際天文學聯合會投票決定把冥王星踢出太陽系行星行列。
是什麼原因導致冥王星被除名呢？

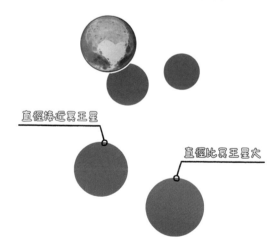

直徑接近冥王星

直徑比冥王星大

要想成為太陽的行星要滿足 3 個條件。
1. 必須圍繞太陽旋轉；
2. 直徑和質量足夠大，自身形成圓球體；
3. 行星軌道附近不能存在直徑接近或者超過它直徑的天體。

冥王星符合前兩個條件，
但是後來在它附近發現了比它更大的天體，於是冥王星不符合第三個條件。
因此，冥王星無法歸類為行星，只能把它歸為矮行星。

取消行星的身份

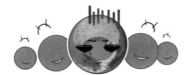

歸類為矮行星

還有一個原因是，天文學家認為太陽系的行星必須具有「珍貴性」，
因此把行星的定義制定得更加嚴格。
如果冥王星也能稱為行星的話，太陽系內很多天體也可以稱為行星。

有潛力稱為行星的
其他天體

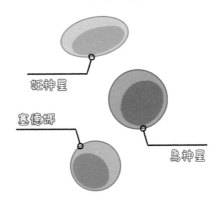

妊神星

塞德娜

鳥神星

從此太陽系只有八大行星。

更多冷知識

①冥王星軌道外層附近還存在一條叫作「柯伊伯帶」的小行星帶。這條小行星帶裡面存在個別比冥王星還要大的小行星，比如鬩神星。

②天文學家還觀測到冥王星和海王星中間有一個軌道共振，因此推測冥王星很有可能曾經是海王星的衛星。

95. 冥王星的「伴侶」──卡戎

卡戎過去被天文學家認為是冥王星的五顆衛星之一，又叫冥衛一。

冥王星與卡戎

卡戎的直徑是冥王星的一半，質量是冥王星質量的八分之一。
與冥王星相比，卡戎相當於是一個非常大的「月亮」。

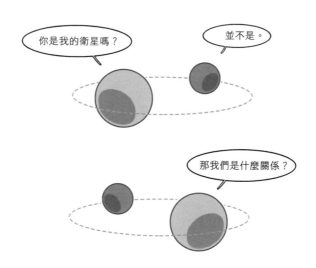

由於卡戎的體積與冥王星相差不多，冥王星—卡戎的質心落在這兩個天體之外，
所以卡戎不是真正繞著冥王星公轉。
而且兩者的質量是可以相互比較的，卡戎便不再適合被當作冥王星的衛星。

卡戎和冥王星分別重新歸類為矮行星，
而兩者的關係重新判定為雙矮行星系統。

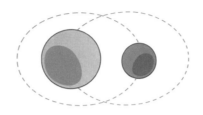

雙矮行星系統

它們是平等的雙行星關係，而不是行星與衛星的關係。

冥王星和卡戎盤繞的原因推測：

由於冥王星和卡戎的部分岩石構成相似，
天文學家推測卡戎和冥王星可能是很早以前碰撞在一起的兩顆單獨的行星，
並且以現在這樣的方式彼此盤繞在一起。

更多冷知識

①冥衛二、冥衛三、冥衛四和冥衛五也環繞著相同的質心，但是它們不夠大且不是球體，所以可以認定是冥王星的衛星。

②卡戎的密度大約是水的 1.7 倍，這意味著它差不多是由 60% 的岩石和 40% 的冰構成的。

96. 判斷土星自轉週期的巧妙方法

土星與其他氣態巨行星一樣缺少堅實的地表，
因此天文學家無法利用其地表測量它的自轉週期。

氣態巨行星—土星

不過，土星北極點上方存在著和木星表面的大紅斑一樣令人著迷的景象：
一個特殊且持續存在的六角形風暴。

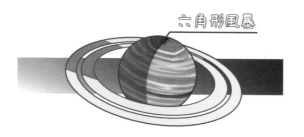

六角形風暴

科學家將土星探測器拍攝到的時間跨度為 5 年半的圖像結合在一起加以分析，
發現六角形風暴的循環週期幾乎不會發生變化。

天文學家認為，這個六角形風暴的循環相對穩定，
可透過觀察其旋轉一周所需的時間來推斷土星的自轉週期。

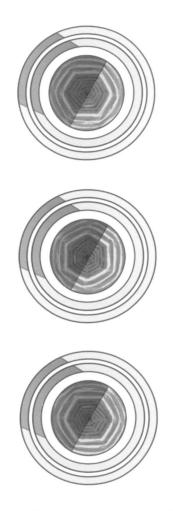

六角形風暴循環一周即土星的一天

六角形風暴的一個轉動循環反映出土星一天的時長為
10 小時 33 分 38 秒。

更多冷知識

① 2013 年 4 月，卡西尼號土星探測器傳回的畫面顯示出土星北極地區出現的巨型風暴，這個風暴呈現出詭異的六邊形特點，與地球上風暴圓環外形顯得截然不同。

②根據探測器的觀測，巨型六邊形風暴跨度大約為 25000 公里。

97. 土衛六大氣的氣味是香的？

土衛六又叫泰坦，是土星最大的衛星，
它的大小可與木衛三相媲美，是太陽系的第二大衛星。

土衛六 — 泰坦

土衛六是太陽系中唯一擁有大氣層的衛星，
大氣層密度是地球的 4 倍，但是土衛六的表面溫度非常低，
想要登陸土衛六，人類必須穿著特殊的太空衣抵禦這裡的極端氣溫。

如果人們可以在土衛六自由地呼吸，
你猜土衛六的空氣聞起來會是什麼味道呢？

由美國國家航空暨太空總署「卡西尼號」探測器與歐洲太空總署「惠更斯號」探測器
返回的觀測數據，我們對土衛六大氣層成分有了更進一步的認識。

土衛六的空氣存在著一些氣味，有甜味、麝香味 (乙烯)、魚腥味 （甲胺），
還有一點苦杏仁味 （氰化氫）、汽油味 （苯），以及一些微妙的氣味。

乙烯

由於乙烯是土衛六大氣裡最容易揮發的分子，
所以土衛六的空氣應該是香甜的麝香味，聞起來香香的。

更多冷知識

①美國太空總署將於 2026 年發射無人機蜻蜓號前往土星最大的衛星——泰坦，預計 2034 年抵達。之後將將飛離土衛六表面，探索土星的其他衛星。

②土衛六地面重力極低，跟月球差不多，但又擁有濃厚的大氣層，表面的大氣壓約為地球的 1.5 倍。濃厚的大氣加上相當低的表面重力使人類的探測器更容易在土衛六登陸和起飛。

98. 天王星和海王星都擁有
液態鑽石海洋

天王星為太陽系八大行星之一，
是太陽系由內向外數的第七顆行星。
海王星則為第八顆行星。

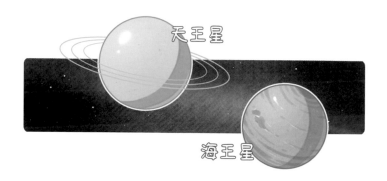

天王星和海王星的內部和大氣構成與木星、土星這種巨大的氣態巨行星不同，
天文學家專門在類木行星分類下設立了子類冰巨星來安置它們。

海王星內核的壓力可能高達地球表面大氣壓的 1100 萬倍，
海王星的地幔富含水、氨、甲烷等成分，隨處可見鑽石。
科學家研究發現，將鑽石置於與海王星類似的高溫高壓環境下，
它們會像冰一樣融化成液體。

所以海王星和天王星表面可能是被巨大的液態鑽石海洋覆蓋。

科學家的實驗結果還顯示液態鑽石海洋與地球上的普通海洋擁有類似的特性——
液態鑽石海洋中有巨大的固態「鑽石山」浮在表面，跟飄在海洋的冰山相似。

除此之外，
這兩顆行星空氣中的甲烷在閃電的高溫高壓下還能形成「鑽石雨」現象。

更多冷知識

①雖然液態鑽石海洋的猜測令人興奮，但要確定海王星和天王星表面是否真的如此，還需要發射科學探測器進行探索，或者在地球模擬這些行星的環境特徵。但這些方法的成本都很高，需要多年時間進行準備。

②海王星的大氣中有目前已知太陽系中的最高風速的風暴。據推測這強大的風暴源於海王星內部熱流的推動，其風速可達到超音速等級，大約每小時 2100 公里。

99. 一個銀河年是多久？

地球繞太陽公轉一周的時間對人類來說已經很長了，
但是跟整個太陽系繞銀河系中心公轉一周這樣的史詩級旅程相比，實在微不足道。

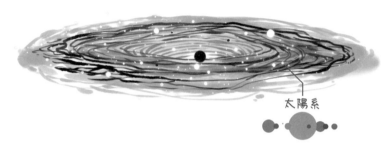

銀河系

太陽系

太陽系在軌道上繞銀河系公轉一周大約需要 2.3 億個地球年，
所以，一個銀河年大約是 2.3 億個地球年。

（1 個地球年即地球繞太陽公轉一周的時間）

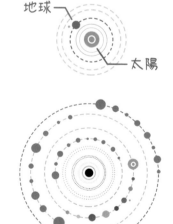

地球

太陽

就像地球帶著月球繞著太陽公轉一樣，
太陽也是帶著八大行星繞著銀河系的中心公轉。

不同的是，太陽系不是只繞著某一顆恆星轉，
而是繞著位於銀河系中心的一個質量超級大的黑洞公轉。
並且，這個黑洞對銀河系中的所有物質都有巨大的引力。

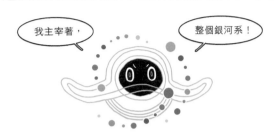

銀河系中心的超大黑洞

在銀河系中，每個星系的銀河年時間並不是統一的，
對於地球所定義的銀河年，是由太陽系在銀河系中的位置決定的。

一個銀河年≈2.8億個地球年

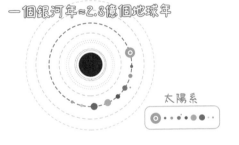

太陽系

一個銀河年≈4.7億個地球年

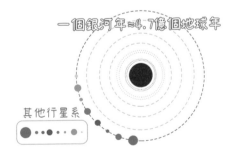

其他行星系

其他離銀河系中心更遠或更近的行星系，
它們的銀河年時間是不一樣的。

更多冷知識

①銀河系的直徑大約是 10 萬光年，我們的地球
與銀河系中心相距 2.8 萬光年。如果把銀河系
想像成一座城市，地球大概是位於郊區。

②公轉軌道靠近「市中心」黑洞的恆星，它的
一個銀河年相對來說會比較短。

100. 銀河系有多「古老」？

宇宙大爆炸後，物質開始逐步形成，
氣體和塵埃在引力作用下逐漸凝聚融合，各式各樣的天體應運而生。

銀河系形成之初

星系是由天體組成的，天體之間的相互引力作用能讓星系穩定運行。
如果我們想知道銀河系是從什麼時候開始形成的，
就必須探索銀河系的中心區域——那裡有著銀河系最為古老的恆星。

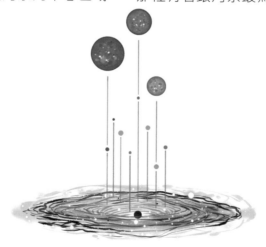

在銀河系的中心區域，
部分體積和質量都較小的紅矮星其實是非常「年長」的恆星。

這些紅矮星的壽命非常長，它們形成的時間也非常早，
其中年齡最大的紅矮星已經有 136 億歲，
但宇宙的年齡也不過 138 億歲而已。

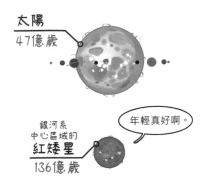

所以銀河系至少已經存在 136 億年了，甚至更久。

早期的銀河系沒有現在這麼大。
在漫長的歲月中，銀河系透過不斷吸收融合其他物質，
甚至是附近的其他小星系來逐漸壯大自己。

更多冷知識

①銀河系中心是一個質量比太陽質量大 400 多萬倍的黑洞，沒有任何恆星坍縮之後能夠形成如此大的黑洞，所以它應該是一個原生黑洞。

②銀河系的恆星數量約在 1000 億到 4000 億之間。

#小劇場09

正在飛出太陽系的「航海家 1 號」

▼

「航海家 1 號」探測器自 1977 年 9 月 5 日發射升空，目前已經在太空飛行了四十餘年。

航海家1號

它是飛離地球最遠的人造飛行器，是第一個衝出太陽系的探測器。

2025 年後，它就會徹底與地球失去聯繫。

企鵝型探測器

我是一台企鵝型探測器，已經在太空中飛行了將近兩萬年。

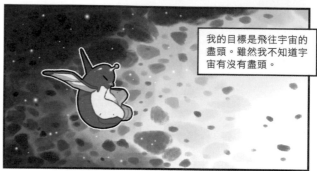

我的目標是飛往宇宙的盡頭。雖然我不知道宇宙有沒有盡頭。

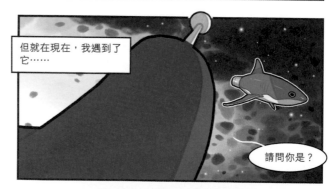

但就在現在，我遇到了它……

請問你是？

噢，你好。地球人已經發明了更快更高級的探測器了。

我就是新型探測器。

體積比太陽更大的恆星

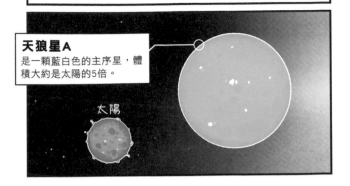

天狼星A
是一顆藍白色的主序星，體積大約是太陽的5倍。

大角星
是一顆橙巨星，體積大約是太陽的9261倍。

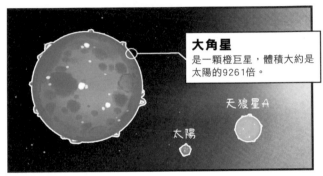

天狼星A
太陽

參宿七
是一顆藍超巨星，體積之大可以裝下約45萬顆太陽。

六角星
天狼星A
太陽
參宿七

盾牌座UY
是一顆紅超巨星，雖然質量僅為太陽的7~10倍，但它的體積是太陽的45億倍。

太陽
天狼星A
六角星
參宿七
盾牌座UY

宇宙中最大的恆星

▼

史蒂文森 2-18 是位於盾牌座的一顆紅超巨星，它是目前已知的宇宙中體積最大的恆星。

史蒂文森 2-18

它的體積比盾牌座的紅超巨星——盾牌座 UY，還要大 6 倍左右。

盾牌座UY

史蒂文森 2-18 的半徑是太陽的 2150 倍，體積比太陽大將近 100 億倍。